物聯網時代

從E化社會到U化社會

無人車×行動辦公×線上教育×智慧家居×智慧醫療×行動支付

黃建波 編著

8種產業應用　48項專家提醒　60多起案例分析

目錄

目錄

前言

■寫作驅動

市場上關於物聯網的書籍很多，但是內容上大多不夠創新，或者不夠全面，本書是一本翔實的物聯網實戰寶典，在知識更新、產品介紹以及案例分析方面更為突出，集眾家所長於一體，尤其是書中關於物聯網在各個產業的特色應用，是筆者潛心收集並整合最新資料提煉出來的結果，希望能夠對讀者有所助益，為讀者玩轉物聯網貢獻出一分力量。

本書以介紹行動物聯網時代的智慧化發展與應用為核心目標，幫助企業或個人快速瞭解並掌握行動物聯網的基礎知識、技術構成和產業應用等內容。

物聯網是當下所有技術與網路技術的結合，若個人或企業想要取得這一方面的發展，就不能忽視這一概念。全書整體內容主要分為以下兩個方面：

一是基礎知識方面：本書透過 8 種產業應用、9 章內容、48 項專家提醒、60 多起案例分析，幫助讀者快速讀懂物聯網。

二是具體應用方面：分別介紹了智慧家居、智慧都市、智慧工業、智慧農業、智慧電網、智慧物流、智慧交通、智慧醫療、智慧環保、智慧警報以及行動物聯網方面各式各樣的特色應用。

■作者

本書由黃建波編著，參與編寫的人員有易苗、劉勝璋、劉向東、劉松異、劉偉、盧博、周旭陽、袁淑敏、譚中陽、楊端陽、李四華、王力建、柏承能、劉桂花、柏松、譚賢、譚俊傑、徐茜、劉嬪、蘇高、柏慧等人，在此表示感謝。由於作者知識水準有限，書中難免有錯誤和疏漏之處，懇請廣大讀者批評、指正。

序

一本最實用、最日常的物聯網應用書

■寫作驅動

隨著物聯網與行動網路的興起，政府、企業，甚至個人，已開始享受到了物聯網技術帶來的「智慧生活」。本書凝聚筆者十年來對物聯網的深入研究，讓每一位讀者都能更加深入地瞭解物聯網與行動網路，並幫助各企業緊隨物聯網潮流抓住發展機遇，在傳統產業與新興產業中走向輝煌。

本書不是鴻篇大論的理論指導書，而是一本側重實際應用的實戰寶典，對讀者所遇到的關於物聯網的實際問題，提供操作、解決的方法。

■本書特色

(1) 內容全面、專業性強：書中不僅講述了物聯網的相關理論知識，又透過實戰案例，幫助讀者徹底認識、玩轉物聯網。

(2) 日常，操作為主，實用性強：書中不僅涵蓋了各種物聯網應用案例，還有大量物聯網和各產業的互動流程，為讀者解讀物聯網實戰操作。

■內容安排

全書分為十二章，具體內容包括：①親密接觸，感知物聯網；②產業機遇，大話物聯網；③物聯技術，智慧化應用；④雲端運算、大數據和物聯網；⑤智慧都市，智慧建設；⑥智慧家居，全方位控制；⑦物聯網在工業、農業上的應用；⑧物聯網在電網物流上的應用；⑨物聯網在交通、醫療上的應用；⑩物聯網在環保、警報上的應用；⑪行動時代，行動網路與物聯網；⑫完全「掌」握，行動網路應用。

■適合人群

本書結構清晰、語言簡潔、案例豐富，適合以下讀者學習使用。

(1) 物聯網與行動物聯網產業的從業者。

(2) 對物聯網與行動物聯網感興趣的人士。

(3) 希望透過物聯網這個新領域獲得第一桶金的投資者、創業者。

第 1 章
由淺入深，物聯網基礎知識全面探祕

學前提示

在科學技術發達的今天，網路技術的應用已經不是什麼新鮮事，那麼物聯網呢？作為當下智慧家居開發以及智慧都市建設的中堅力量，物聯網將應用於各個領域，並引領人們進入更加智慧化的時代。

要點展示

- 初步瞭解：物聯網的基礎概要
- 發展狀況：物聯網的背景趨勢
- 基本框架：物聯網的三大層次
- 體系組成：物聯網的三大系統
- 全變概況：物聯網的實際應用

1.1　初步瞭解：物聯網的基礎概要

【場景 1】早晨從床上醒來，你剛睜開眼睛，輕輕一動。一剎那，房間的窗簾便自動拉開了，清晨的陽光灑了進來，天氣預報自動告訴你今天會是個好天氣。你起床之後，走到了咖啡機前，這時咖啡機剛剛煮好一杯香濃的咖啡。吃過早餐之後，你便開著車出門了。

【場景 2】早晨上班，高峰期路上的車輛很多，你是否擔心到了公司找不到停車位呢？別憂心，因為早在你到達公司之前，手機就已經告訴你哪個地方有空著的車位了！

【場景 3】已經是中午了，突然，手機向你發出警報，告訴你家中正遭入侵。你立即點開即時監控系統，發現其實只是一隻流浪貓在你家門前徘徊。然後你發現自己出門時沒有把門窗關好，於是你輕輕一點手機，家裡的門窗也自動關上了。隨後，你放心地繼續上班。

【場景 4】下午的時候，你的朋友突然打電話來，說想起有一件東西掉在你家裡了，有急用，但是你現在不在家，怎麼辦呢？你告訴朋友，沒關係，讓他直接去你家，你會幫他開門。於是，當你透過視訊看到朋友到家門口時，你輕觸手機，門便開了。然後告訴朋友東西在哪裡，讓他自己去找。朋友在對你「可以思考的」家居表示驚訝之餘，拿了東西心滿意足地走了。

【場景 5】結束了一天的忙碌，這時你準備下班回家了。你想回家就能洗個熱水澡，洗掉一身的疲憊，然後再閒適地吃頓晚餐。你想起來自己早上已經把米放進電子鍋裡了，於是透過一鍵設定，當你回到家時，你想的這一切智慧家居都已經幫你做到了。

看到這裡，你有沒有覺得很神奇呢？你是否在想：如果這是真的該有多好啊！其實這些場景早已不是天馬行空的想像，也不是癡人說夢。透過物聯網，這些都會變成現實。那麼，什麼是物聯網呢？

簡單地說，物聯網（Internet of Things，IOT）就是一個「物物相連」的網路。在物聯網上，每個人都可以將真實的物體用電子標籤上網聯結，並在物聯網上查找出它們詳細的資訊和確切的位置。物聯網可對機器、設備、人員進行集中管理和控制，也可以對家庭設備、汽車等進行遙控，還可以用於搜尋位置、防盜等各種領域。

1.1.1　網路相比物聯網

相信對於人們來說，網路已經不再是一個陌生的概念，將兩臺或兩臺以上電腦的設備，透過電腦資訊技術互相聯結起來，這就是網路。網路發展至今已有四十多年，在現實生活中的應用非常廣泛。

那麼，與網路只有一字之差的物聯網呢？對這個炙手可熱的新名詞，你瞭解多少呢？其實，物聯網的核心還是網路，它是在網路的基礎上延伸和擴展的網路。不同的是，物聯網的使用者端能延伸到任何物品與物品之間，並能在任意物品之間進行資訊交換和通訊。物聯網是當下所有技術與資訊技術的結合，它能更快、更準確地收集、傳遞、處理並執行資訊。

物聯網是各種感測技術的綜合應用，透過無線電識別、紅外線感應器、全球定位系統、雷射掃瞄器等資訊感測設備，按約定協定，把任何物品與網路相連接，進行資訊交換和通訊。物聯網能實現所有物品與網路的連接，方便識別、管理和控制，能為人們的生活帶來更多的便利，人類社會將漸漸進入物聯網時代。

物聯網代表了下一代資訊發展技術，就它的某些應用領域和應用方式來說，大眾應該不算生疏。如商品上的條碼、車用的 GPS 衛星定位系統、快遞查詢系統等，只要透過無線電技術，或者在傳遞物體上植入特殊的晶片，取得物品的具體資訊，即可實現對該物體的遠端操控。

世界上的萬事萬物，大到整個都市、樓房、汽車，小到一部手機、一支手錶，甚至一把鑰匙，只要在裡面嵌入一個微型感應器，這個物品就可以「活過來」，就可以和你「對話」，就可以和其他物品「交流」。

專家提醒

> 筆者認為，用一句話來概括，物聯網即是「萬物皆可相連」的世界。它突破了網路只能透過電腦交流的局限，也超越了網路只負責聯通人與人之間資訊傳遞的功能，它建立了「人與物」之間的智慧「溝通」系統。

1.1.2 物聯網的發展起源

早在 1991 年，美國麻省理工學院的凱文· 艾許頓（Kevin Ashton）教授就首次提出物聯網的概念。

1995 年，比爾蓋茲在他的著作《擁抱未來》（*The Road Ahead*）中也曾提到物聯網，隨後相繼有人提出物聯網的概念。

1999 年，美國麻省理工學院自動識別實驗室（Auto-ID Labs）提出「萬物皆可透過網路連接」的觀點。

2003 年，美國《科技評論》（*Technology Review*）提出感測網路技術將是未來改變人們生活的十大技術之首。

2005 年，國際電信聯盟（ITU）發布《ITU 網際網路報告 2005：物聯網》（*ITU Internet Reports 2005: The Internet of Things*）也引用了「物聯網」的概念。

雖然物聯網的概念早已被多次提及，但一直未能引起人們的足夠重視；直到 2008 年以後，為了促進科技發展並尋找新的經濟成長點，各國政府才開始將目光放在物聯網上，並將物聯網作為下一代的技術規劃。

彷彿一夜之間，物聯網便成為炙手可熱的新名詞。2009 年，歐盟執委會發表了歐洲物聯網行動計畫，描繪了物聯網技術的應用前景，提出歐盟政府要加強對物聯網的管理，促進物聯網的發展。

隨後，IBM 執行長彭明盛在「圓桌會議」上首次提出「智慧地球」（Smarter Planet）這一概念。2009 年 2 月 24 日，IBM 大中華區執行長錢大群，在 IBM 論壇上公布了名為「智慧的地球」的最新策略。

隨著技術和應用的發展，物聯網的定義早已發生了巨大的變化，覆蓋範圍有了很大的拓展，不再只是最初提出的只基於無線電識別技術的物聯網，而是多種技術在生活各方面的綜合運用。

專家提醒

沒有任何一個事物是朝夕可成的，物聯網自然也不例外。雖然早在 1990 年代就有人提及物聯網的概念，但物聯網也是經過漫長的發展才走到今天這一步的。而現在生活各方面對於物聯網的運用，讓各國都將大力發展物聯網。

1.1.3　物聯網的技術原理

物聯網是在電腦網路基礎之上的延伸，它利用全球定位、感測器、無線電識別、無線資料通訊等技術，創造一個覆蓋世界上萬事萬物的巨型網路，就像一個蜘蛛網，可以連接到任意角落。

在物聯網中，物體之間無須人工干預，就可以隨意進行「交流」，其實質就是利用無線電自動識別技術，透過電腦網路實現物體的自動識別及資訊的連接與共享。

無線電識別技術能夠讓物品「開口說話」，它透過無線資料通訊網路，把儲存在物體標籤中的有互通性（Interoperability）的資訊，自動擷取到中央資訊系統，實現物體的識別，進而透過開放性的電腦網路使資訊交換和共享，實現對物品的透明管理。

物聯網的問世，打破了過去將物理基礎設施和 IT 基礎設施分開的傳統思維。在物聯網時代，任意物品都可與晶片、寬頻整合為統一的基礎設施。在此意義上，基礎設施更像是一塊新的地球工地，世界就在它上面運轉。

1.1.4 物聯網的四大分類

物聯網類型有四種，分別是私有物聯網（Private IOT）、公有物聯網（Public IOT）、社區物聯網（Community IOT）、混合物聯網（Hybrid IOT）。

(1) **私有物聯網**：一般表示單一機構內部提供的服務，多數用於機構內部的內網中，少數用於機構外部。

(2) **公有物聯網**：是基於網路向大眾或大型使用者群體提供服務的一種物聯網。

(3) **社區物聯網**：可向一個關聯的「社區」或機構群體提供服務，如警察局、交通部、環保署等。

(4) **混合物聯網**：是上述兩種以上物聯網的組合，但後臺有統一的營運維護實體。

1.1.5 物聯網的應用模式

隨著技術和應用的發展，特別是行動網路的普及，物聯網的覆蓋範圍發生了很大的變化，它基於特定的應用模式向著寬廣度、縱深向發展，物聯網開始呈現出行動化趨勢。

在這裡，「特定的應用模式」指的是它同其他的服務一樣，存在著其應用方面的固有的特徵和形式。這類應用模式歸結到其用途上來說，具體可分為三類：

1．智慧標籤

標籤與標識是一個物體特定的重要象徵，在行動物聯網時代，物體更是擁有 QR code、RFID、條碼等智慧標籤。

透過以上智慧標籤，可以進行對象識別和獲取相關資訊。正是因為如此，行動物聯網領域的智慧標籤應用已經形成了一定規模，並得到了廣泛應用。

2．智慧監控

在網路和行動網路發展迅速的今天，我們在社會中的行為，大都受到了來自通訊技術的監控和追蹤。

其實，關於智慧監控的生活場景已屢見不鮮，在行動感測器網路中更是時刻關注著社會環境中的各種對象。例如：噪音偵測器可以檢測噪音汙染；二氧化碳感測器可以檢測大氣中二氧化碳濃度；GPS 技術可以監控車輛位置等。

3．智慧控制

上文已對行動物聯網的對象識別和資訊獲取、對象的行為監控等作了介紹，在此基礎上的行動物聯網的下一步，就是根據感測器網路獲取的資料資訊，透過雲端運算平臺或者智慧網路，對這些應用作進一步的控制與回饋。

例如，透過光線強度的資料來調整路燈的亮度；透過車輛的流量資料來調整紅綠燈的時間間隔等。

1.1.6 從 E 化社會進入 U 化社會

E 化社會（Electronic Society）是網路出現以後，特別是電子商務和電子金融出現以後，人類社會的各個組成部分，比如，個人、家庭、銀行、行政機關、教育機構等，以遍布全球的網路為基礎，超越時間與空間的限制，打破不同國家、地區以及文化障礙，實現彼此連接，以及平等、安全、準確地進行資訊交流的社會模式。

網路傳播的全球性、互動性、時效性等特性，讓人們越來越依賴於網路來安排生活。E 化社會即在網路中構建了一個虛擬的社會，在 E 化社會中，人與人能夠隨時隨地聯繫。

大部分已開發國家已完成由傳統社會向 E 化社會的轉型，這些國家的電話普及率、網路使用者普及率以及電腦普及率均已超過 50%。世界上大多數開發中國家正在向 E 化社會過渡，而少數也已完成了這個過渡。

那麼什麼是 U 化社會呢？

U 化社會即「無所不在社會」（Ubiquitous Network Society），為了能識別、觀察、追蹤任何東西，需要在全社會部署識別網路，而無線電識別技術和無線感測網路，則成為 U 化社會裡一種新的社會基礎設施。

馬克· 維瑟（Mark Weiser）博士首先提出「遍存運算」（Ubiquitous Computing）的概念。遍存運算並非將基礎技術全盤更新，只是運用無線電網路的科技，透過整合式無縫科學技術，讓人們在不受時空限制的環境下享用資訊，使用起來更便利省時。

與 E 化社會相比，在 U 化社會中，只是多了一個把社會中所有的物體變為通訊對象的東西。

U 化社會的技術，支撐著資訊技術的現今和未來的發展，將支撐社會「無所不在」化。已開發國家目前正在規劃和有步驟地建設這種社會基礎設施，以避免國家、地區、部門和機構間的重複通訊。

如果把 E 化社會叫做資訊社會的初級階段，那麼 U 化社會可叫做資訊社會的高級階段。

完成工業化的已開發國家，大約用 25 年的時間可以建成初級的資訊社會，預計再用 25 年的時間，便可建成高級的資訊社會。

專家提醒

物聯網是如今時代的新興技術，在生活中的各個方面已被廣泛運用。物聯網的核心技術就是感測設備和行動通訊技術的結合，只要在物體裡嵌入一個微型感應器，所有物品便都可以「活過來」。運用了物聯網技術後，便可將我們的社會帶入 U 化社會。

1.2　發展狀況：物聯網的背景趨勢

物聯網是何時出現的？又是何時興起的？為什麼物聯網越來越受關注？甚至已經是全球的熱門話題？本節就為大家解答這些疑問。

1.2.1　全球物聯網的發展背景

雖然物聯網的概念早在 1990 年代就已經被提出，但卻一直沒能受到國際社會的重視。可以說，物聯網的正式興起是在 2000 年後，各國開始相應地制訂了物聯網發展計畫。從此，物聯網才結束了它低調走過的十幾年的歷史，成功迎來了它的時代。

從近幾年全球物聯網的發展趨勢來看，促進物聯網發展的背景因素其實是 2008 年的全球經濟危機。

每一次人類社會大事件的背後總會催生一些新技術，這是毋庸置疑的，而物聯網被認為是帶動新一輪經濟成長的新生技術。所以自從 2008 年以後，物聯網的發展呈直線上升趨勢。

如今隨著電子技術的發展，感測器的技術逐漸走向成熟。在我們的日常生活中，已隨處可見運用了感測器技術的物品，如商品上的條碼、電子標籤等。再加上網路存取和資訊處理能力的大幅提高，網路存取的多樣化、寬頻技術的快速發展，使得大量資訊的收集能力和分類處理能力大幅提高，這些都為物聯網的發展奠定了堅實的基礎。

回顧歷史，起始於日本的 1960 年代的半導體產業，和起始於美國的 1990 年代的網路技術，都對促進兩國經濟的發展造成了非常積極的作用，使兩國經濟在一段時期內得到了飛速發展。

專家提醒

> 國際物聯網發展無論是在技術方面，還是在策略方面，都略領先於臺灣。2008 年全球金融危機以後，雖然一些西方已開發國家經濟復甦的速度趨緩，缺乏新的科技產業革命對經濟發展的引領和帶動，但他們很快意識到了物聯網就是解決這一大問題的關鍵。

1.2.2　物聯網的技術背景

電腦技術、通訊與微電子技術的高速發展，促進了物聯網技術、無線電識別技術、全球定位系統與數位地球技術的廣泛應用，以及無線網路與無線感測器網路研究的快速發展，物聯網應用所產生的巨大經濟效益與社會效益，加深了人們對資訊化作用的認識，如圖 1-1 所示。

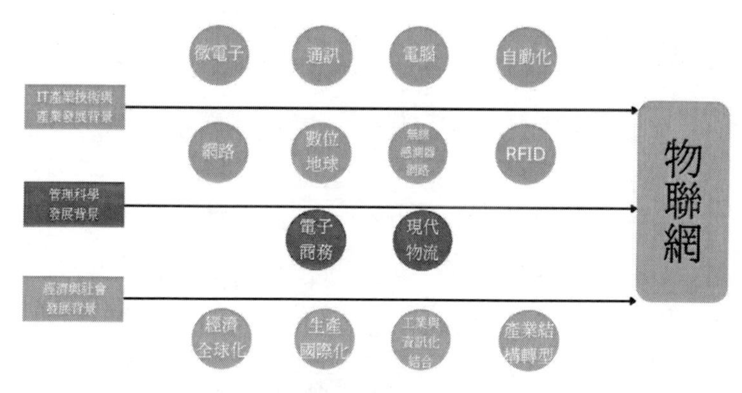

圖 1-1　物聯網發展的社會與技術背景

為了適應經濟全球化的需求，人們從物流角度將無線電識別技術、全球定位系統技術以及無線感測網路技術與「物品」資訊的擷取、處理結合，將物聯網的覆蓋範圍從「人」擴大到「物」，從而獲取有關物流的資訊。

物聯網已經覆蓋了世界的各個角落，已經深入世界各國的經濟、政治與社會生活，已經改變了幾十億網友的生活方式和工作方式。但是現在物聯網關於人類社會、文化、科技與經濟資訊的擷取還必須由人來輸入和管理。

專家提醒

快速、準確識別與全程追蹤全世界物流資訊，這種技術就是物聯網技術，為現代化的企業管理打下了堅實的技術基礎。

1.2.3 物聯網的發展趨勢

根據 IDC 的資料，2020 年年底，全球物聯網連接的「東西」達到 2120 億個，產生的收入達 8.9 兆美元，全球進入物聯網時代。

物聯網一方面可以提高經濟效益，大大節約成本，另一方面可以為全球經濟的復甦提供技術動力。物聯網普及以後，用於動物、植物、機器、物品的感測器與電子標籤及搭配的介面裝置，數量將大大超過手機。按照目前對物聯網的需求，近年內需要的感測器和電子標籤將按億計，這將大大推進資訊技術元件的生產，同時也增加了大量的就業機會。

以物聯網為代表的資訊網路產業，成為新興策略性產業之一。物聯網時代的通訊主體由人擴展到物，物聯網是用於表徵真實世界物體、實現物體智慧化的設備，將快速發展，呈現多樣化、智慧化的特點。

物聯網讓人們不再被局限於網路的虛擬交流，它能讓人與人、機器與人、機器與機器之間進行廣泛的資訊交流。因此，物聯網時代的網路將是感測器網、通訊網和網路的融合，即「無所不在的網路」。

首先，物聯網發展將以產業使用者的需求為主要推動力，以需求創造應用，透過應用推動需求，從而促進標準的制定、產業的發展。放眼未來幾年，全球物聯網設備將會更廣泛地應用於各產業，其中以工業、交通、能源及安全等產業最具成長潛力。

其次，隨著物聯網產業的不斷發展，物聯網應用將逐漸從產業應用向個人應用、家庭應用擴展。物聯網將會使我們的生活變得「聰明」、「善解人意」，透過晶片自動讀取資訊，並透過網路傳遞，物品會自動獲取資訊，將資訊的「處理—獲取—傳遞」整個過程系統地聯繫，這對於人類生產力又是一次重大的推動。

展望未來，物聯網產業空間將出現以下新的演變趨勢。

(1) **產業發展「強者愈強」，資源要素將繼續向優勢地區匯聚集中**。這些地區依託發達的經濟環境與雄厚的地方財力，建設了一大批物聯網實驗專案。這為物聯網的應用提供了成功案例和發展方向，並帶動了相關技術和產品的大範圍社會應用。

得益於產業與應用相互促進形成的良性循環，未來優勢地區物聯網產業的發展將進一步加速，資源要素也將進一步向這些地區匯聚集中。

(2) **產業分布「多點開花」，核心地區將不斷蓬勃湧現**。物聯網產業廣泛的內涵以及與應用緊密結合的特點，使得其能夠在具備先發優勢的地區之外，得到更廣泛的發展。

(3) **產業演變「合縱連橫」，區域分工將進一步明晰、顯現。**

雖然目前臺灣物聯網產業整體尚處於起步階段，但無線電識別與感測器、物聯網設備、相關軟體以及系統整合與應用等幾大產品領域的產業分布，已經呈現相對集中的態勢，各重點產業集聚區之間的產業分工格局也已初步顯現。

隨著未來物聯網產業規模的不斷壯大，以及應用領域的不斷擴展，產業鏈之間的分工與整合也隨之進行，區域之間的分工合作格局也將進一步顯現。總體來看，產業基礎較好的地區，將分別在支撐層、感知層、傳輸層和平臺層等幾個層面確定各自的優勢領域；而其他二三線都市，則將更多聚焦於物聯網應用層在不同領域的發展。

1.3 基本框架：物聯網的三大層次

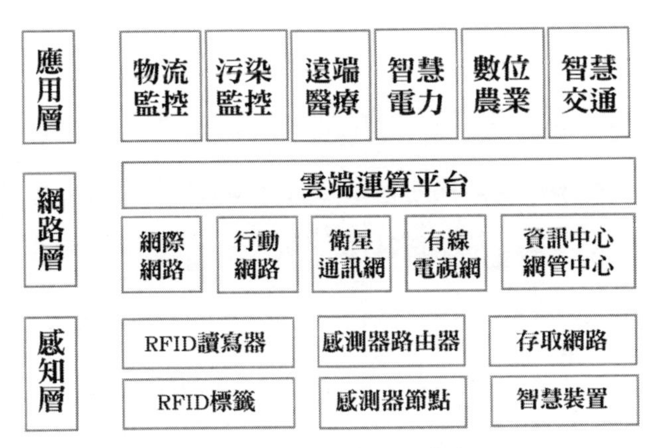

圖 1-2　物聯網的基本框架

類似於仿生學，讓每件物品都具有「感知能力」，就像人有味覺、嗅覺、聽覺一樣，物聯網模仿的便是人類的思維能力和執行能力。而這些功能的實現都需要透過感知、網路和應用方面的多項技術，才能實現物聯網的擬人化。所以物聯網的基本框架可分為感知層、網路層和應用層三大層次，如圖 1-2 所示。

1.3.1　感知層

感知層是物聯網的底層，但它是實現物聯網全面感知的核心能力，主要解決生物世界和物理世界的資料獲取和連接問題。

物聯網是各種感知技術的廣泛應用，其上有大量多種類型感測器，不同類別的感測器所擷取的資訊內容和資訊格式不同，所以每個感測器都是唯一的資訊源。感測器獲得的資料具有即時性，按一定的頻率週期性地擷取環境資訊，不斷更新資料。

物聯網運用的無線電識別器、全球定位系統、紅外線感應器等這些感測設備，它們的作用就像是人的五官，可以識別和獲取各類事物的資料資訊。透過這些感測設備，能讓任何沒有生命的物體都擬人化，讓物體也可以有「感受和知覺」，從而實現對物體的智慧化控制。

通常，物聯網的感知層包括二氧化碳濃度感測器、溫濕度感測器、QR code 標籤、電子標籤、條碼和讀寫器、鏡頭等感知裝置。

專家提醒

> 對於目前關注和應用較多的無線電識別網路來說，附著在設備上的無線電識別標籤和用來識別無線電資訊的掃瞄儀、感應器都屬於物聯網的感知層。

1.3.2 網路層

廣泛覆蓋的行動網路，是實現物聯網的基礎設施，網路層主要解決感知層所獲得的長途傳輸資料的問題，它是物聯網的中間層，是物聯網三大層次中標準化程度最高、產業化能力最強、最成熟的部分。它由各種私有網路、網路、有線通訊網、無線通訊網、網路管理系統和雲端運算平臺等組成，相當於人的神經中樞和大腦，負責傳遞和處理感知層獲取的資訊。

網路層的傳遞，主要透過網際網路和各種網路的結合，傳送接收到的各種感知資訊，並實現資訊的互動共享和有效處理，關鍵在於升級和改良物聯網應用特徵，形成集體感知（collective perception）的網路。

網路層的目的是實現兩個系統之間的資料透明傳送，其具體功能包括定址、路由選擇，以及連接的建立、保持和終止等。它提供的服務使運輸層不需要瞭解網路中的資料傳輸和交換技術。

網路層的產生是物聯網發展的結，在連線系統和線路交換的環境中，通訊技術實實在在地改變著人們的生活和工作方式。

感測器是物聯網的「感覺器官」，通訊技術則是物聯網傳輸資訊的「神經」，實現資訊的可靠傳送。

通訊技術，特別是無線通訊技術的發展，為物聯網感知層所產生的資料提供了可靠的傳輸通道。因此，乙太網路、行動網路、無線網路等各種相關通訊技術的發展，為物聯網資料的資訊傳輸提供了可靠的傳送保證。

專家提醒

物聯網網路層是三大層次結構中的第二層，要求網路層把感知層接收到的資訊高效、安全地傳送。它解決的是資料遠距離的傳輸問題，且承擔著比現有網路更大的資料量和高服務品質要求。物聯網將會融合和擴展現有網路，利用新技術來實現更加廣泛高效的連接。

1.3.3　應用層

物聯網應用層是提供豐富的基於物聯網的應用，是物聯網和使用者（包括人、組織和其他系統）的介面。它與產業需求結合，實現物聯網的智慧應用，也是物聯網發展的根本目標。

物聯網的產業特性主要體現在其應用領域內，目前綠色農業、工業監控、公共安全、都市管理、遠端醫療、智慧家居、智慧交通和環境監測等各個產業均有物聯網應用的嘗試，某些產業已經積累了一些成功的案例。

將物聯網技術與產業資訊化需求相結合，實現廣泛智慧化應用的解決方案，關鍵在於產業融合、資訊資源的開發利用、低成本高品質的解決方案、資訊安全的保障以及有效商業模式的開發。

感知層收集到大量、多樣化的資料，需要進行相應的處理才能作出智慧的決策。大量的資料儲存與處理，需要更加先進的電腦技術，而近幾年不斷發展的雲端運算技術，被認為是物聯網發展最強大的技術支持。

雲端運算為物聯網大量資料的儲存提供了平臺，其中資料探勘技術與資料庫技術的發展，讓大量資料的處理分析成為可能。

物聯網應用層的標準體系主要包括應用層架構標準、軟體和演算法標準、雲端運算技術標準、產業或大眾應用類標準以及相關安全體系標準。

應用層架構是面向對象的服務架構，包括 SOA 體系架構、業務流程之間的通訊協定、面向上層業務應用的流程管理、元資料標準以及 SOA 安全架構標準。

雲端運算技術標準，包括開放雲端運算介面、雲端運算互通性、雲端運算開放式虛擬化架構（資源管理與控制）、雲端運算安全架構等。

軟體和演算法技術標準，包括資料儲存、資料探勘、大量智慧資訊處理和呈現等。安全標準重點有安全體系架構、安全協定、使用者和應用隱私保護、虛擬化和匿名化、面向服務的自適應安全技術標準等。

專家提醒

物聯網是新型資訊系統的代名詞，它是三方面的組合：一是「物」，即由感測器、無線電識別器以及各種致動器實現的數位資訊空間與實際事物關聯；二是「網」，即利用網路將這些「物」和整個數位資訊空間連接，以方便廣泛的應用；三是應用，即以擷取和連接作為基礎，深入、廣泛、自動化地擷取大量資訊，以實現更高智慧的應用和服務。

1.4 體系組成：物聯網的三大系統

物聯網是在網路基礎上架構的關於各種物理產品資訊服務的總

和，主要由三大體系組成：一是營運支撐系統，即關聯應用服務軟體、入口、管道、裝置等各方面的管理；二是感測網路系統，即透過現有的網路、廣電網路、通訊網路等實現資料的傳輸與運算；三是業務應用系統，即輸入輸出控制設備。

1.4.1　營運支撐系統

物聯網在不同產業的應用，需要解決一些像網路管理、設備管理、計費管理、使用者管理等的基本營運管理問題，這就需要一個營運平臺來支撐。

物聯網營運平臺是為產業服務的基礎平臺。在此基礎上建立的產業平臺有智慧工業平臺、智慧農業平臺、智慧物流平臺等。

物聯網的營運支撐平臺，可以在基礎平臺的基礎上建立多個產業平臺。如同現今電信營運的 BOSS 平臺一樣，只有在完成一些基本的管理功能之後，上層產業應用才可以快速添加。

物聯網營運平臺對大企業、小企業進入物聯網產業都有促進作用。根據物聯網運用平臺的基礎服務特性，最適合提供此服務的是電信業者。

物聯網的營運支撐系統主要依靠的是資訊物品技術，為了保證最終使用者的應用服務品質，我們必須連接應用服務軟體、入口、管道、裝置等各方面的管理，融合不同架構和不同技術，完成對最終使用者的價值管理。

物聯網的營運支撐和傳統的營運支撐不同，在新環境下，整個支撐管理涉及的因素和對象中，管理者對其的掌控程度是不同的，有些是管理者所擁有的，有些是可管理的，有些是可影響的，有些是可觀察的，有些則是完全無法存取和獲取的。為了全程掌控支撐管理，對於這些不同特徵的對象，必須採取不同的策略。

物聯網強調「物」的連接和通訊，對於裝置來說，這種通訊涉及感測與執行兩個重要方面，而將這兩個方面連接，就是閉環控制。

從這方面來看，在物聯網環境下有很多形態。例如，有些閉環是前端自成系統，只是透過網路發送系統的狀態資訊，接收配置資訊；有些透過後臺服務形成閉環，需要對廣泛互聯所獲取的資訊綜合處理後進行閉環的控制；有些則是不同形態的結合等。所有這些，和以往的人機、人人之間的通訊是大不相同的，其營運支撐和服務、管理有很多新的因素需要考慮。

1.4.2 感測網路系統

物聯網的感測網路系統是將各類資訊透過資訊基礎承載網路，傳輸到遠端的應用服務層。它主要包括各類通訊網路，例如，網際網路、行動網路、小型區域網路等。網路層所需要的關鍵技術包括長途有線和無線通訊技術、網路技術等。

透過不斷的升級，物聯網的感測網路系統可以滿足未來不同的傳輸需求，特別是當三網融合（三網融合是指電信網路、電腦網路和有線電視網三大網路透過技術改造，提供包括語音、資料、圖像等綜合多媒體的通訊業務）後，有線電視網也能承擔物聯網網路層的功能，有利於物聯網的加速推進。

1.4.3 業務應用系統

在物聯網的體系中，業務應用系統由通訊業務能力層、物聯網

業務能力層、物聯網業務存取層和物聯網業務管理域四個功能模組構成。它提供通訊業務能力、物聯網業務能力、業務路由分發、應用存取管理和業務營運管理等核心功能。

通訊業務能力層是由各類通訊業務平臺構成的，包括 WAP（無線應用通訊協定）、簡訊、來電答鈴、語音和定位等多種能力。

物聯網業務能力層透過業務存取層，為軟體提供物聯網業務能力的調用，包括裝置管理、感知層管理、物聯網資訊匯聚中心、應用開發環境等能力平臺。

物聯網資訊匯聚中心收集和儲存來自於不同地域、不同產業、不同學科的大量資料和資訊，並利用資料探勘和分析處理技術，為客戶提供新的資訊加值服務。

應用開發環境為開發者提供從裝置到應用系統的開發、測試和執行環境，並將物聯網通訊協定、通訊能力和物聯網業務能力封裝成應用程式介面（Application Programming Interface）、構件和應用開發模板。

在物聯網參考業務體系架構中，物聯網業務管理域只負責物聯網業務管理和營運支撐功能，原 M2M（Machine-to-Machine，機器對機器）管理平臺承擔的業務處理功能和裝置管理業務能力，被分別劃撥到物聯網業務存取層和物聯網業務能力層。

物聯網業務管理域的功能，主要包括業務能力管理、應用存取管理、使用者管理、訂購關係管理、驗證管理、強化通道管理、計費結算、業務統計和管理入口等功能。強化通道管理由核心網、存取網和物聯網業務存取層配合完成，包括使用者業務特性管理和通訊故障管理等功能。

為了實現對物聯網業務的承載，存取網路和核心網路也須要配合升級，提供適合物聯網應用的通訊能力。

透過識別物聯網通訊業務特徵，進行行動性管理、網路壅塞控制、信令壅塞控制、群組通訊管理等功能的補充和最佳化，並提供裝置到裝置 QoS（Quality of Service，服務品質）管理以及故障管理等強化通道功能。

專家提醒

> 物聯網的根本還是為人服務，幫助人們更方便快捷地完成物品資訊的彙總、集合、共享、互通、分析、決策等。營運支撐系統對物品進行基礎資訊擷取，並接收上層網路送來的控制資訊，完成相應的執行動作。感測網路系統主要借助已有的廣域網通訊系統（如 PSTN 網路、4G 網路、網際網路等），把感知層感知到的資訊快速、可靠、安全地傳送到各個裝置。業務應用系統則是完成物品與人的最終連結。

1.5 全面概況：物聯網的實際應用

你相信嗎？電影中那些讓你覺得很神奇的場景，有很多都運用到了物聯網的技術。有朝一日，科幻電影裡那些神奇的場景都有可能在現實生活中出現。隨著科技的發展，夢境和人的大腦裡的思想都可以轉化為資料，被電腦記憶、甚至可以製作成像，未來在工作、生活、學習、娛樂等方面都會因物聯網而變得更加方便快捷。

1.5.1　物聯網下的國家策略

20 世紀，美國經濟受惠於柯林頓政府提出的「資訊高速公路」國家振興策略。這使得美國在 1990 年代中後期享受了歷史上罕見的長時間的繁榮，霸主地位繼續穩固。

1993 年，柯林頓政府計劃用二十年的時間，耗資 2000 億～4000 億美元，利用網路革命建設美國國家資訊基礎結構，從而將美國帶出了當時的經濟低谷，並實現了空前的經濟繁榮；2009 年，歐巴馬又透過「智慧地球」重現這一計畫。

「智慧地球」的核心是：將感應器和裝備嵌入各種物理實體中，然後用無處不達的網路與人連接在一起，再被無所不能的超級電腦調度和控制，即形成「物聯網」。其實「智慧地球」就是物聯網和網路的結合。而與「智慧地球」這一策略相關的前所未有的「智慧」的基礎設施，為創新提供了無窮無盡的空間。

作為新一波 IT 技術革命，物聯網對於人類文明的影響將遠遠超過網路。預計其中投資於新一代的智慧型基礎設施建設專案，能夠有力地刺激經濟復甦，而且能為美國奠定長期繁榮的基礎。

專家提醒

> 從電影、書籍、政策等各方面都已經能夠看到物聯網的應用，而且全球大力發展並推崇物聯網的目的都只有一個：利用新興科技建設一個前所未有的「智慧地球」。

1.5.2　物聯網下的世博展覽

許多人對 2010 年的上海世博記憶猶新，上海世博便是用最新科技成就來演繹「都市，讓生活更美好」理念，在能源、環境、營運、安全等各個領域都運用了先進的高科技方法。

例如，上海世博的 Cisco 館的公共區，由三個獨立的空間組成，從各個角度向人們展示「智慧 + 連接」的生活理念。參觀者透過參觀 Cisco 館可以親身體驗一座新型都市，它能夠更好地推動經濟發展、改善市民的生活品質、減少碳足跡，還能確保都市的永續發展。

預展區描繪了社會所面臨的都市化問題，能夠激發觀眾思考如何規劃未來二十年中新建的都市。

Cisco 館的主打概念便是「物聯網」，透過館裡的陳設向參觀者展示以資訊和網路為平臺、為基礎的都市化運動。

1.5.3 物聯網下的便利生活

中華郵政的「i 信箱」及其自助收投服務系統，被認為是快遞物流發展的新思路。「i 信箱」不需要人工值守，寄件人把包裹放到「i 信箱」後，收件人就會收到一條通知取件的簡訊，簡訊中有快遞單號和取件密碼。取件人只要持取件密碼，在「i 信箱」的操作螢幕上根據提示輸入手機號和取件密碼，「i 信箱」便會立刻打開箱口，非常方便。

相關負責人表示：「更簡單的取件方式，是輕輕一掃 QR code，無須任何輸入即可取件。」

「i 信箱」像智慧貨櫃一樣，有一個類似於 ATM 機的智慧操作裝置，具有支付功能，對於貨到付款的包裹，使用者還可以透過「i 信箱」完成金融卡的轉帳繳費。

放入「i 信箱」的包裹將保管三天，收件人完全不用擔心臨時不能簽收的情況。隨著物流需求的增加，這種「i 信箱」能方便物流公司全天候投送的頻率，更便於人們的生活。

1.5.4　物聯網下的智慧教育

如今，許多教育機構透過多年不斷地投入與建設，資訊化建設取得了卓越成就，辦公系統、入口網站、教育裝備、職教學籍、教育資源庫、教育部落格等幾十個應用系統，以及大量的文件系統應用。

一些教育機構實施基礎架構的虛擬化，採用了 VMware 虛擬化軟體、Cisco 網路和運算平臺與美國 EMC（易安信公司）資訊基礎架構平臺，應用雲端運算架構，建設新一代虛擬化資料中心。

此外還利用全新的網路、儲存和虛擬化技術，將資料、儲存和伺服器整合至一個通用、高效、統一、可靠的環境中，大幅簡化原來的 IT 架構，降低總成本。

虛擬化或私有雲端，都是 IT 資源的整合，可充分有效地利用資源。一些機構也提供資訊服務，包括電子郵件、遠端教學資源共享、精選課程線上點播、遠距互動研討等。

利用 VCE（虛擬運算環境）構建新一代教育資料中心，並利用 Cisco 的 UCS（統一運算系統）、EMC 集中儲存解決方案和 VMware 虛擬化技術，將各個分散的系統平臺、各個學校的資源，統一集中在資料中心虛擬運算環境中，統一規劃和部署教育資源，集中儲存教學資料，確保充分而高效地使用教學資源。

此外，有些教育機構還會在舊伺服器上部署 VMware，以增加容錯比、冗餘比，提高系統的可靠性，充分發揮現有設備的作用。

1.5.5 物聯網下的服裝產業

義大利品牌 PRADA 於 1913 年在米蘭創建，為顧客提供量身定製的男女成衣、皮具、鞋履、眼鏡及香水。

早在 2001 年，PRADA 就開始在服裝上安裝無線電識別電子標籤。電子標籤被印刻在電子襯底材料上，再嵌入塑膠或紙製的服裝標籤內。每當顧客拿起一件 PRADA 衣服走進試衣間，電子標籤就會自動識別，因為試衣間裡有一種「充滿魔力的鏡子」—— 鏡子裡的智慧螢幕會自動播放模特穿著這件衣服走伸展臺的影片，這種鏡子就是運用了物聯網技術。

與此同時，每件衣服無論在哪座都市、哪間旗艦店、被拿進試衣間多久、在試衣間裡停留了多久，以及最終是否購買等這些資訊，都會如實傳回總部，說明不管試穿者最終是否成為購買客戶，物聯網技術都使每一位走進 PRADA 店內的消費者參與 PRADA 的商業決策之中。

如今，物聯網技術應用於服裝產業已經不是稀有事情了，例如：西班牙服裝品牌 ZARA，在物聯網技術還未應用之前，設計和量產的週期通常都是幾個月，當模特在伸展臺上走秀時，盜版就已經開始出現了，等到服裝量產出來上市時，大街上已有人穿著盜版服裝了，ZARA 就會因此失去了許多顧客；而如今依靠強大的 IT 系統，ZARA 把設計和生產週期縮短到兩週，並且每一個設計只生產很少的數量，以杜絕盜版。

1.5.6　物聯網下的銀行金融

如今，銀行有都有一個呼叫中心，而每個客服人員面前的電腦螢幕上都有一條曲線，這條曲線上下的點，就表示該點對應的客戶能為銀行帶來的利潤。

當客戶的打電話進來時，銀行的物聯網系統就會根據客戶提供的資訊，自動生成一個與該客戶對應的點，並顯示在客服人員的電腦螢幕上。如果客戶的點是位於曲線的下方，那麼客服人員會幫他辦理註銷手續；如果客戶的點位於曲線的上方，那麼客服人員便會盛情挽留客戶，並對他說：「我與經理商量後，我們會給你更高的折扣，請您務必留下。」

呼叫中心就是利潤中心，相信這一技術會給銀行帶來比以往更高的利潤。

1.5.7　物聯網下的餐飲服務

泰國有一家能讓五千人同時就餐的巨大餐廳，它有像字典那麼厚的菜單，光是川菜就有三個類別。如果在一家小餐館，你點了麻婆豆腐和回鍋肉，這兩道菜同時被端上桌，你不會感到驚訝；但在這樣一家巨大的泰國餐廳，你若點了日本料理和麻婆豆腐，也是同時端上桌，味道也相當道地，你就不得不驚訝了。

它是怎麼做到的呢？原來，在廚房有著許多來自不同國家的很多廚師。他們面前各有一個顯示螢幕，當顧客點了菜單上的某個菜時，菜單裡的物聯網無線電識別系統，會將資訊傳到廚房，告訴廚師現在該做哪一道菜，代表你吃的日本料理和麻婆豆腐，也許是由兩個相隔很遠、且根本不相識的廚師做出來的！

除此之外，為保證兩道菜能同時上桌，餐廳的物聯網系統還會自動計算時間。若日本料理需要 1 小時才能做好，而麻婆豆腐只需 10 分鐘，那麼系統會在第一時間通知日本廚師先做料理，而在 50 分鐘後才通知中國廚師做麻婆豆腐，使兩道菜幾乎同時出爐、上桌。

1.5.8　物聯網下的智慧型手機

隨著科技的不斷發展，手機早已不是那種只可以打電話發簡訊的簡單工具。現在的智慧型手機，不但可以上網瀏覽網頁，還可以線上購物。

可是你聽說過植於皮下的智慧型手機嗎？電影《攔截記憶碼》(*Total Recall*) 出現的那款嵌在皮膚下、可以透過玻璃與人建立視訊通話的手機，你能想像有一天在現實生活中也能見到嗎？

其實，早在 2008 年就有人發明了類似的設備：被稱為「Digital Tattoo Interface」的皮下觸控設備，由工程師 Jim Mielke 創造。該設備在 2008 年的 Greener Gadgets 設計比賽中首度亮相，被媒體評為真正融合了科技和人體藝術的作品。

該設備的主體由極為輕薄細膩的矽膠所製作的藍牙設備構成，透過一個微小的切口，將兩根旋轉管插入皮膚和肌肉之間，小管連接動脈和靜脈，讓血液流向一個燃料電池，血液經過電池後將被分解為葡萄糖和血氧，從而形成為設備提供動力的電能。

該裝置可以透過觸摸皮膚實現對螢幕的控制，但這個螢幕並不是用墨水畫上去的，它由一種極其微小且感光度極強的球體組成。當訊號透過像素矩陣，它們就會從透明變成黑色。所以當有人打電話給你的時候，螢幕才會出現在皮膚上；一旦你掛掉電話，它們就會消失。製作者稱，這個設備不但對人體沒有傷害，而且還有追蹤血液疾病、為人類健康警報的功能。

1.5.9　物聯網下的醫療健康

目前，許多醫院會在總院架設中心機房，透過光纖連接覆蓋分院，所有雲端服務都運行在總院的中心機房，而 70% 的應用軟體已經搬遷至雲端平臺，包括急診工作站、電子病歷系統、LIS 系統、HIS 系統、PACS 系統、排隊叫號系統、輸液系統等，各個科室也已全面安裝 TC。

運行在雲端運算平臺上的排隊叫號系統、各種醫療診治軟體，其業務處理速度與資訊傳遞效率大大超過以往，就這一點已經給病患帶來極大的便利。除此之外還可以省電、省空間，並減少噪音等，大大節省了醫院的資源與運維成本，且無須配備主機。

醫院的 IT 系統應用介面複雜，從辦公、管理系統，到掛號、診療、配藥、體檢等，需要遷移繼承的應用系統非常多，特別在醫療服務社區化、網路化的進程中，可以發揮很重要的架構設計作用。

未來醫療產業的雲端可能覆蓋每個家庭，讓民眾足不出戶就能查看自己的病歷、線上就診，衛生系統的資源也將得到充分整合、協調。

1.5.10　物聯網下的水質安全

在工業技術快速發展的今天，你是否擔心過飲用水的品質？市場上已有許多純淨水品牌，你是否喝得放心？現在，物聯網淨水器將會替你解決這些困擾。

物聯網淨水器具有先進的過濾技術，它能把水中的漂浮物、重金屬、細菌、病毒等去除，一般為 5 級過濾：第 1 級為濾芯，又稱 PP 棉；第 2 級為顆粒活性碳；第 3 級為精密壓縮活性碳；第 4 級為反滲透膜或超濾膜；第 5 級為後置活性碳。

物聯網淨水器中的顆粒活性碳濾芯有超強的吸附力，不僅能有效濾除水中的沙石、鐵鏽、膠體以及直徑大於 5mm 的一切雜質，還可以有效地吸附水中的異味、異色、農藥等化學藥劑。淨水器中的精密活性碳濾芯，更是可以有效去除水中的細菌、毒素、重金屬等物質。即使我們不在家，也能透過手機、電話或者上網來掌控淨水器的運行狀況。

物聯網淨水器利用先進的感測技術，透過網路與無線 Wi-Fi 模組遠端控制淨水器的功能，讓人們時時刻刻都能夠喝到健康的水。

第 2 章
智慧家居，開啟家電設備全方位控制

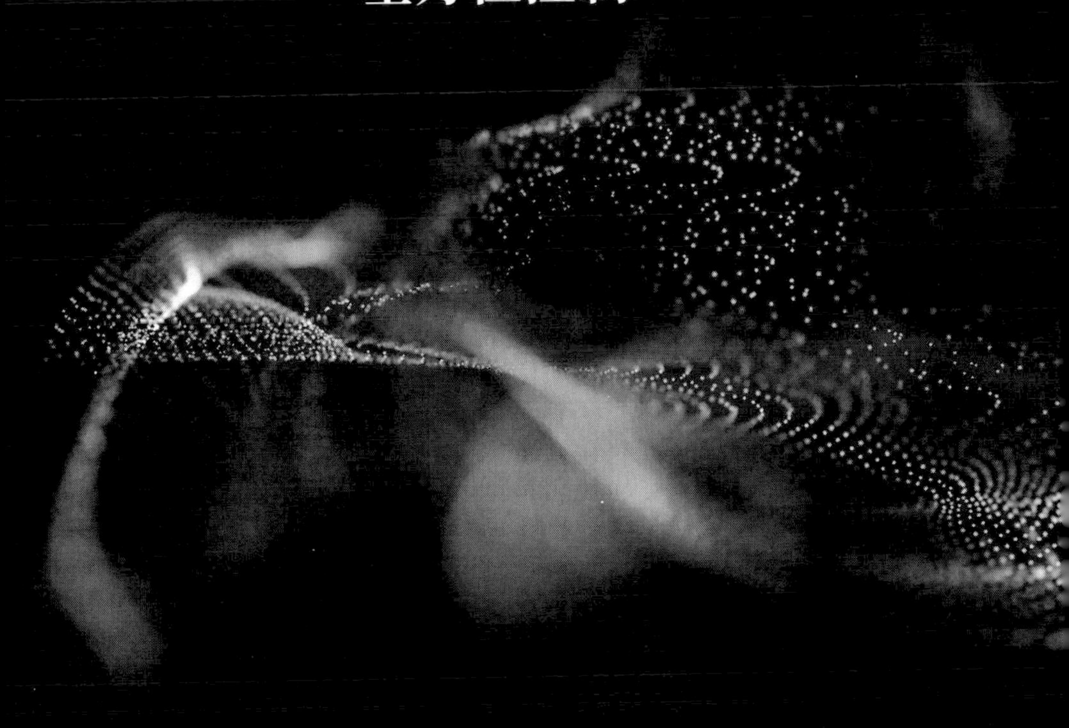

學前提示

物聯網的快速發展，使得智慧家居這一概念變得熱門，越來越多人希望讓自己的手機或者其他行動電子設備透過物聯網技術與家電設備連接，進行全方位的智慧控制。

要點展示

- 先行瞭解：智慧家居的基礎概況
- 全面應用：智慧家居的產品介紹
- 案例介紹：智慧家居的典型表現

2.1 先行瞭解：智慧家居的基礎概況

智慧家居包括家居生活各個方面的智慧化，是物聯網應用非常重要的一個方面。本節將著重介紹智慧家居的相關基礎知識，以及智慧家居如何引導人們進入智慧化生活。

2.1.1 智慧家居具體概念

智慧家居是利用先進的電腦技術、網路通訊技術、綜合布纜技術、自動控制技術、多媒體技術等，依照人體工程學原理，融合個性需求，將與家居生活有關的各個子系統連接起來的家居設施。

例如：將警報、燈光控制、煤氣閥控制等結合，透過網路化綜合智慧控制和管理，構建高效的住宅設施與家庭日程的管理系統，提升家居安全性、便利性、舒適性，並實現環保節能的居住環境。透過智慧家居，可智慧控制太陽能熱水器、中央冷氣、中央換氣、家庭劇院、中央熱水、中央水處理、警報等。

1999 年，比爾蓋茲曾在深圳宣布了一項「維納斯計畫」，該計畫打算使用嵌入式 Windows CE 作業系統簡化版本的機上盒或光碟機，利用中國龐大的電視機資源，讓普通消費者也領略到精彩的物聯網世界。其目標是要開發一個集運算、娛樂、交流、教育、通訊等功能於一體或相結合的產品，最大的特點是價格便宜，易學易用，能夠滿足非電腦使用者使用電腦和上網的需求。

遺憾的是，儘管微軟耗資數十億美元，在全球力推「維納斯計畫」，向資訊家電領域挺進，但這個轟轟烈烈的計劃卻最終以失敗告終。

不過，雖然當年微軟的「維納斯計畫」最終沒有成功，卻為日後物聯網的發展奠定了基礎。蓋茲當年的夢想由蘋果和 Google 透過 iOS 和 Android 實現了，主導了新一代產業，也開啟了家居的智慧時代。

專家提醒

> 智慧家居的英文是 Smart Home，含義近似的概念還有家庭自動化（Home Automation）、電子家庭（Electronic Home、E-home）、數位家園（Digital Family）、家庭網路（Home Net/Networks for Home）、網路家居（Network Home）、智慧家庭 / 建築（Intelligent Home/Building）。

智慧家居能夠讓使用者更方便管理家庭設備，輕鬆享受生活。

例如，當你出門在外時，可以透過電話、電腦、網路或者語音識別來遠端遙控家居的智慧系統，更可以執行場景操作，使多個設備聯動。你還可以使用遙控器控制房間內各種電器設備，在到家之前，就可以透過智慧化照明系統選擇預設的燈光場景，在讀書時營造舒適安靜的環境，在臥室裡營造浪漫的燈光氛圍。

專家提醒

物聯網在家居方面的豐富應用目前正在快速展開，各式各樣的暢想鋪天蓋地，這些趨勢促使著人們從物聯網的角度看待智慧家居。家庭不僅是社會最基本的單位，更是人們長時間停留的場所，這兩個因素決定了智慧家居必將成為物聯網最重要的應用場景。

2.1.2 智慧家居優勢特點

智慧家居概念的起源很早，但一直都不曾有具體的建築案例出現，直到 1984 年美國聯合科技公司將建築設備資訊化，整合化概念應用於美國康乃狄克州哈特佛市的 City Place Building 時，才出現了首棟「智慧型建築」，從此拉開了全世界爭相建造智慧家居的序幕。

近年來智慧家居產業的發展已步入正軌，成為全球熱門產業，其特點有以下幾個方面。

1．安全可靠

安全是最基本的保證，從外部因素考慮，可以集中控制房間內各個區域的燈光、家用電器、電動窗等設備。

即使出門在外，遠端監控也可以在任何角落隨時隨地關注家裡的老人和孩子，再也不用擔心家裡被盜。

不僅如此，從內部因素考慮，智慧家居的系列產品可以採用低電技術，使產品處於低電壓、低電流的工作狀態，即使各智慧化子系統 24 小時運轉，也可以保障產品的壽命和安全性。

智慧家居系統採用定時自檢、通訊應答、環境監控等相互結合的方式，達成系統運行的可執行、可評估、可警報功能，保障系統的可靠性，讓使用者用得放心。

2．便於管理

智慧家居的基本目標是為使用者提供一個舒適、安全、方便和高效的生活環境，搭配產品以實用為核心，以易用、個性為方向。

傳統家居需要我們一個一個地去按按鈕，如果要看電視，就必須先走到電視機前開總開關；如果要開燈，就必須下床親自找到電燈開關才行等。但是智慧家居可透過電腦、手機、遙控器等行動裝置登入網路，控制燈光、警報、電動窗簾、天然氣、冷氣等多個家用電器。

所以未來人們能實現即使不在家，也可以遠端招待客人；或者可以在到家之前，事先設定好自己想要的模式，讓我們的家居「歡迎」我們。

3．操作簡單

指尖輕輕一觸便可實現回家、離家、會客、娛樂等多種情景模式操作，不用擔心老人孩子不會用，只要拿起手機就能輕鬆搞定。

4．易於維護

智慧家居分為總線式布纜、無線通訊和混合式三種安裝方式。其中無線通訊智慧家居的安裝、測試、維護、更換最為簡單。

無線智慧家居系統所有搭配產品採用無線通訊模式，安裝、添加產品時，可根據使用者的不同需求來添加增減設備。其 DIY 性強，局部控制元件故障不影響整個系統的運行，不需要布實體纜線，所以不會影響現有裝修。

智慧家居相應的設備可輕鬆擴展或拆卸，使得對系統的日常維護變得輕鬆方便。

5．個性實用

智慧家居的設計本著「以人為本」的宗旨，根據使用者對智慧家居的需求，為使用者提供實用的功能，包括但不局限於智慧照明控制、智慧家電控制、家居警報、環境監測、遠端控制系統、個性設定平臺等，既可以實現遙控控制、本地控制、集中控制，也可以手機遠端控制、感應控制、網路控制、定時控制等。

智慧家居可以結合市場上的尖端技術，實現使用者的獨特需求。

6．節省能源

可利用排程和感測設備來控制系統，做到只在需要的時候提供智慧照明及冷氣的開啟和關閉，可根據環境的光線自動調節智慧照明的亮度，以此實現節能減耗、低碳生活。

7．標準規範

智慧家居系統方案的設計和產品依照國家和地區的相關標準執行，來確保系統的擴充性和擴展性，例如系統通訊傳輸採用標準的 TCP/IP 協定技術。

專家提醒

智慧家居還能提供 24 小時在線的網路服務，與網路隨時相連，為居家辦公提供了方便條件；還可以進行環境自動控制，例如家庭中央冷氣系統；還能提供全方位家庭娛樂，例如家庭劇院系統和家庭中央背景音樂系統；也能實現家庭資訊服務，管理家庭資訊及與社區物業管理公司聯繫；更有甚者還能進行家庭理財服務，透過網路完成理財和消費服務。

2.1.3 智慧家居眾多功能

智慧家居的興起，在於它比傳統家居更便捷、更人性化。智慧家居有遙控、電話、網路、集中控制等諸多功能，如表 2-1 所示。

表 2-1 智慧家居的功能

功能	應用
遙控控制	「萬能遙控器」可用來控制家中燈光、熱水器、窗簾、冷氣等設備的開啟和關閉，還可控制家中的紅外線電器，例如電視、音響等。透過遙控器的顯示螢幕可在一樓查詢並顯示出二樓燈光電器的開啟關閉狀態。
電話控制	出差或不在家時，可透過手機、室內電話來控制家中的設備。例如可使冷氣製冷或製熱，透過手機或固定電話還可以得知室內的空氣品質，家中電路是否正常等。即使不在家也可以透過手機、市內電話來自動餵食寵物、花草澆水等。

網路控制	在只要是有網路的地方，都可以透過電腦登錄到家中，可透過遠端網路控制電器工作狀態。例如在外地出差時，利用外地網路電腦，登錄相關的 IP 位址，就可以控制遠在千里之外的自己家裡的所有設備。
定時控制	可提前設定某些產品的自動開啟關閉時間。例如，電熱水器每天晚上八點自動開啟加熱，十一點自動斷電關閉，在洗浴的同時，享受省電、舒適和時尚的生活環境。
場景控制	輕輕觸動一個按鍵，數種燈光和電器便會隨著主人的喜好自動執行，浪漫、安靜、熱烈、明亮，只要你想得到，智慧家居便一定能做得到，享受到科技生活的完美、簡捷、高效。
集中控制	下班回家，可以在進門的玄關處同時打開客廳、餐廳、廚房的燈光，夜晚在臥室也可控制客廳和衛浴的燈光電器，方便安全，還可以隨時隨地查詢各種設備的工作狀態。
監控功能	不論何時何地，視訊監控功能都可以直接透過區域網路或寬頻網路，使用瀏覽器進行遠端影像監控，並且支持遠端電腦、本地 SD 卡儲存，行動偵測郵件傳輸、FTP 傳輸，對於家庭用遠端影音拍攝與拍照更可達成專業的安全防護與樂趣。
報警功能	當有小偷試圖進人家中時，「聰明」的設備能自動撥打電話，並聯動相關電器做報警處理，即使主人出門在外也不用擔心家裡的安全。
娛樂系統	「數位娛樂」則是利用書房電腦作為家庭娛樂的播放中心，在客廳或主臥大螢幕電視機上播放來源於網際網路上大量的音樂、電視、影視、遊戲和資訊資源等。安裝簡單的相關裝置後，家庭的客廳、臥室、起居室等都可以方便的獲得影片。

布纜系統	透過一個總管理將電話線、寬頻網路線、有線電視線、音響線等弱電的各種線統一規則在一個有序的狀態下，達到統一管理家中電話、電腦、電視、安全監控設備和其他網路資訊家電的目的。使之使用更方便、功能更強大、維護更容易、更易擴展新用途，並實現電話分機、區域網組建、有線電視共享等功能。
指紋鎖	即使不小心忘記帶房門鑰匙，或著親朋好友來家裡造訪時，主人正好不在家，遠在外地的主人也可用手機或電話就可以方便地將用門打開，歡迎客人。且房屋的主人隨時隨地都能用手機或電話「查詢」家中數位指紋鎖的開關狀態。
空氣調節	如果主人在出門時不小心忘記開窗通風，或著天氣乾燥時希望自己家裡的空氣能夠清新濕潤，那麼空氣調節設備就可以實現不用整日開窗，或著噴空氣清新劑，而定時更換經過過濾的新鮮空氣了。
寵物褓姆	出門在外的時候，家裡的寵物吃飯喝水沒人照顧怎麼辦呢？家裡的植物沒有人澆水怎麼辦呢？沒關係，現在只要撥通家裡的電話，發布命令，就能餵食心愛的寵物、爲植物澆水。

2.1.4 智慧家居技術系統

在傳統的家居生活中，很多家電如電視、冷氣等都是用遙控器控制開關，而智慧家居中的家電，可以用每天不離身的手機控制。

智慧家居系統包含的主要子系統有家居布纜系統、智慧家居控制（中央）管理系統（包括資料安全管理系統）、家居照明控制系統、家庭警報系統、家庭網路系統、家庭劇院與多媒體系統、家庭環境控制系統。

智慧家居系統分為必備系統和可選系統。在智慧家居系統產品的認定上，廠商生產的智慧家居屬於必備系統，能實現智慧家居的主要功能。

那麼哪些系統屬於必備系統，而哪些系統屬於可選系統呢？智慧家居控制管理系統、家居照明控制系統、家庭警報系統是智慧家居中的必備系統，而家居布纜系統、家庭網路系統、家庭劇院與多媒體系統、家庭環境控制系統則為可選系統。

由於智慧家居採用的技術標準與協定不同，大多數智慧家居系統都採用綜合布纜方式。對於智慧住宅需要有一個能支持語音、資料、家庭自動化、多媒體等多種應用的布纜系統，這個系統就是智慧化住宅布纜系統。

但少數系統就不採用綜合布纜技術，而是改用電力線通訊技術（Power Line Communication，英文簡稱 PLC）。但是無論哪一種情況，都一定有對應的網路通訊技術來完成所需的訊號傳輸任務，因此網路通訊技術是智慧家居整合中最為關鍵的技術。

自動控制技術是智慧家居系統中必不可少的技術，被廣泛應用在智慧家居控制中心、家居設備自動控制模組中，對於家庭能源的科學管理、家庭設備的日常管理都有十分重要的作用。

家庭劇院與多媒體系統包括家庭影視交換中心和背景音樂系統，是家庭娛樂的多媒體平臺。它運用先進的微型電腦技術、無線遙控技術和紅外遙控技術，在程式指令的精確控制下，把機上盒、衛星接收機、電腦等多路訊號源，根據使用者的需求，發送到每一個房間的電視機、音響等設備上，實現一機共享的多種視聽設備。

安全防範技術，也是智慧家居系統中必不可少的技術。家庭警報系統包括：視訊監控、門禁一卡通、對講系統、緊急求助、煙霧檢測警報、天然氣泄漏警報、紅外雙鑒探測警報等方面的內容。

目前應用於智慧家居的技術主要有三大技術，如表 2-2 所示。

表 2-2　智慧家居的三大技術

名稱	說明	應用範圍
集中布纜技術	要重新額外布設弱電控制線來實現對家電或燈光的控制，因為重新布纜，所以訊號最穩定。	以前主要應用於樓宇智慧化控制，比較適合於樓宇和社區智慧化等大區域範圍的控制，現在開始部分應用於別墅智慧化，但一般設置安裝比較複雜，造價較高，工期較長，只適用新裝修戶，如 I-BUS 技術。典型廠商有 ABB 公司、德國莫頓等。
無線射頻技術	無須重新布纜，利用點對點的射頻技術，實現對家電和燈光的控制，安裝設置都比較方便。	主要應用於實現對某些特定電器或燈光的控制，但系統功能比較弱，控制方式比較單一，且易受周圍無線設備環境及阻礙物干擾，適用於新裝修戶和已裝修戶，單個電器或燈控制，典型廠商有波創。
X10 電力線通訊	無須重新布纜，主要利用家庭內部現有的電力線傳輸控制訊號實現對家電和燈光的控制與管理。	比較適合大眾化消費，技術非常成熟，已有 25 年左右的歷史，現在美國已有 1300 萬家庭用戶。適用於新裝修戶和已裝修戶，是比較健康、安全、環保的智慧家居技術。安裝設置簡單，很多設備可即插即用，且可隨意按需選配產品，不斷智慧化升級，功能相對比較強大而且實用，價格適中。

專家提醒

未來的智慧家居更離不開科技，可能會普及的智慧家居技術分別有溫控系統、體感設備、家庭視訊監控系統等。

2.2 全面應用：智慧家居的產品介紹

與傳統家居不同，智慧家居不僅有居住功能，更重要的是它將一批原來靜止的家居設備轉變為具有「智慧」的工具，為人們提供更加高效節能、舒適安全、極為「人性化」的生活空間。

2.2.1 智慧電子鍋，提供更加智慧化的功能

隨著家用智慧用品技術的發展，智慧家庭服務不再是幻想，尤其是在行動物聯網的大環境下，智慧家庭服務設備已變得越來越靈活。

常下廚的人會有如此的體驗：倘若一道料理需要花費很長時間慢火熬製，那麼等待的時間並不輕鬆。你要時不時放下剛剛玩的遊戲、看了半集的連續劇，跑進廚房查看烹飪狀態。

電子鍋經歷了最初的僅靠一個按鍵控制來加熱米，到第二階段增加了 LED 螢幕可以顯示溫度等功能，再到第三代的電子鍋可以燉湯、煮粥，而如今的智慧電子鍋可以全方位加熱米飯，保障營養不流失、米質均一、口感統一，可以說電子鍋已經開始走向智慧化。

隨著科技的發展，電子鍋的設計也越加人性化。例如市場上有的智慧電子鍋增加了嬰兒粥功能，不僅可以烹飪出適合嬰兒食用的

粥，還附帶了語音功能。而在物聯網迅速發展的今天，電子鍋將更加智慧化，可以直接連接手機 App 控制電子鍋，在回家之前開啟電子鍋，回到家便能享用到熱氣騰騰的米飯了。

2.2.2　智慧空氣清淨器，讓生活環境更加健康

空氣中許多汙染物很難透過肉眼感知，卻可以依靠智慧裝置監測室內環境，不僅可以鎖定汙染物的來源，有效地改善空氣品質，還可以透過對濕度、溫度、二氧化碳、氧氣濃度的智慧調節，讓我們處在最適宜的家居環境中。

相關監測資料顯示，空氣清淨器年銷量保持 30% ～ 35% 的高速成長，這些資料一方面使我們對周邊的空氣環境產生一種危機感，另一方面也直接說明了空氣清淨器在未來的重要性。

智慧空氣清淨器的投資案例接連不斷，網路企業在行動物聯網模式下的創新也從未停止。例如，中國的霾害嚴重，而有一家天氣應用公司就推出了名為「空氣果」的產品，就是一款可以測量天氣和空氣資料的小型個人氣象站。且與 App 相連後，使用者可以在手機上一鍵監測室內的健康級別，獲得溫度、濕度、二氧化碳濃度、PM2.5 濃度等值，並與室外資料對比後，得出健康級別。「空氣果」具備一般行動物聯網產品的連接功能，可以透過 Wi-Fi 與手機 App 連接，即使出門在外，也能隨時隨地瞭解和掌握家人所在的空氣環境水準。

專家提醒

> 在行動物聯網這樣的大環境背景下，智慧化的空氣清淨器將會成為必需品，成為智慧生活的突破口。當然，空氣檢測與淨化還需要透過大數據形成從環境監測、資料收集到空氣淨化的良性循環，並以親民的價格被消費者接受。

2.2.3 智慧體感遊戲機，帶來不一樣的家庭娛樂體驗

科技的進步促使人們的生活節奏日益加速。在如此快節奏的生活下，人們的身體和精神極易疲勞，尤其是精神上，當社會給予的約束難以釋放時，大多數人會選擇虛擬世界，透過遊戲紓壓。

隨著虛擬實境等技術的發展，遊戲不再局限於電腦遊戲或手機遊戲。傳統的網路遊戲有非常多的弊端，那麼在物聯網時代的智慧生活，又會為家庭娛樂帶來一些什麼樣的創新呢？隨著行動裝置功能的逐漸完善，再加上與其他智慧硬體的結合，體感遊戲正在進入大眾的生活，成為家庭娛樂重要的組成部分。

體感遊戲顧名思義，就是用身體去感受的電子遊戲。突破以往單純以手把按鍵輸入的操作方式，是一種透過肢體動作變化來進行（操作）的新型電子遊戲，也是物聯網技術的重要體現。

現在只要將自己的行動裝置透過無線網路或藍牙，就可以直接控制遊戲。試想，透過虛擬實境技術體驗雄鷹翱翔於天際的獨特視角，或是置身於球場和 NBA 明星打一場籃球賽，抑或是足不出戶體驗異域風情，那有多有趣！

體感遊戲就是建立在行動物聯網基礎之上的一種家庭娛樂遊戲模式，它將手機、平板或專屬的遊戲手把作為遊戲控制設備，透過

Wi-Fi 或個人熱點連接遊戲顯示器，例如智慧電視、筆記型電腦。

2.2.4 智慧開關，使生活更加便捷

智慧開關是指利用控制板和電子元件的組合及程式，實現電路智慧化通斷的器件。它打破了傳統的機械式牆壁開關的單一作用，除了在功能上的創新，還因為樣式美觀而被賦予了開關裝飾點綴的效果。它的功能特色多、使用安全。

目前，家庭智慧照明開關的種類繁多，已有上百種，而且其品牌還在源源不斷地增加。智慧開關的分類如表 2-3 所示。

表 2-3 智慧開關的分類

分類名稱	傳輸訊號方式	優缺點
電力線通訊開關	採用電力線來傳輸訊號	需要設置編碼器，會受電力線雜波干擾，使工作十分穩定，經當導致開關失控；價格很高，附加設備較多，一旦有問題售後非常麻煩，因為需要專業人士來安裝。
無線開關	採用射頻方式來傳輸訊號	經常受無線電波干擾，使其頻率不穩定而容易失去控制，操作十分繁瑣，價格也很高。附加設備多，售後非常麻煩，需要專業人士來安裝。
總線開關（第三代開關）	採用訊號線來傳輸訊號	穩定性和抗干擾能力強，訊號靠專門的訊號線來傳輸，達到開關與開關之間相互通訊。採用普通開關的布纜方式安裝，普通電工就能安裝。

智慧開關因其多種操作、狀態指示等優點，被廣泛應用。其優點如下。

(1) **全開全關**：假如晚上準備出門，或者臨睡時發現其他房間的燈還沒有關，如果是普通開關的話，就需要一個房間一個按鈕地去關燈了，是不是覺得非常麻煩呢？

有了智慧開關，就不用擔心這些了，走到門口或者在自己床頭直接按全關鍵，便可一鍵關閉房間裡所有的電燈。

(2) **多種操作**：可以多控、遙控、時控、溫控、感應控制等，任何一個裝置均可控制不同地方的燈，或者是在不同地方的裝置可控制同一盞燈。

例如躺在床上時想關閉自己房間的燈，便可用紅外遙控器遠距離控制所有的開關，像關閉電視機一樣用遙控來操作。若是出門遠行，只需要用電腦或手機作為遙控器，就可以實現對室內冷氣、電視、電動窗簾、音響、電飯鍋等電器的控制。

(3) **狀態指示**：房間裡所有電燈的狀態會在每一個開關上顯示出來，可單獨關閉開關上的狀態指示燈。按任意鍵可恢復，而不影響其他開關操作。

假如晚上睡覺時，你發現老人房裡還有燈沒有關，那麼開關就會顯示出是哪盞燈沒關，利用手中的遙控器就可以輕鬆關燈了。

(4) **本位鎖定**：如果主人在書房看書，且不想其他人打擾，那麼主人就可透過設定禁止所有的開關操作書房的燈，然後就可以享受寧靜的看書時間了。

(5) **記憶儲存**：內設 IIC 儲存器，所有設定自動記憶，對於固定模式的場景無須逐一地開關燈和調光，只進行一次編碼，就可一鍵控制一組燈。

(6) **斷電保護**：當電源關閉，智慧遙控開關全部關閉，再來電時智慧開關將自動關閉所有亮著的燈，既不會因未知開關狀態而造成人身傷害，也可以在無人狀態下節省電能。而普通開關達不到這樣的功能。

(7) **安全性高**：在外出時可將燈光設定為防盜模式，系統將模擬主人在家時的場景，讓家裡的燈光時開時關，避免犯罪分子乘虛而入。

且智慧開關穩定性好、傳輸速度快、抗干擾能力強，單獨使用專門的傳輸線，不受電力、無線電等輻射雜波干擾，產品操作穩定性非常強。開關面板為低電作業系統，開啟／關閉燈具時無火花產生，老人及小孩使用時安全係數很高。

有合理化的電路安全設計，避免開關出現短路和燒毀等損失，當負荷未超過工作電流時，能保持長時間供電，有故障的電路切斷後，也不會影響其他電路的工作。

(8) **自動夜光**：晚上次家一進門，智慧開關面板上會有很人性化的微亮夜光讓您輕鬆找到開關，不像普通開關那樣需用手摸著感受開關的位置。

(9) **安裝方便**：智慧開關在普通開關的安裝基礎上，多了一條兩芯的傳輸線，普通電工就可以安裝，過程只需幾分鐘，大大節省了重新布纜帶來的昂貴成本。

每個開關可說是一個單獨的集中控制器，安裝時只要將無線智慧燈光控制模組安裝在普通開關內即可，無須重新鋪設電線或整修牆面，不需添加任何其他設備，安裝快捷方便，客戶更容易接受。

(10) **配置靈活**：可局部配置也可全套居室配置。透過智慧遙控器或家電控制器以無線遙控的方式，控制所有家電的電源開頭，不必專門布纜，只要將智慧插座代替原有的插座面板，即可直接插在所有類型的插頭上。

（11）**維修方便**：某一個開關故障不會影響其他開關的使用，使用者可直接更換新的智慧開關，安裝上去即可。在維修期間可用普通開關直接代替使用，且不會影響正常照明。

專家提醒

隨著以 iPhone、iPad 為代表的智慧行動裝置的普及，智慧開關也在發展，在保留遙控開關的基礎上，也擴展出了雲端服務後臺的節點策略、建議推播等多種複合的場景加值服務模式。智慧開關也在經歷由單一個體走向家庭集約聯動的綜合能源部署階段。

2.2.5 智慧插座，用電更安全，更節能

智慧插座是在物聯網概念下發展起來的新興電器產品，也是智慧家居眾多產品中的一種。智慧插座通常內建 Wi-Fi 模組，透過智慧型手機進行功能操作，常與家電設備配合使用，實現定時開關等功能。

節能插座的理念很早之前就已經生成，到目前為止已經發展得比較廣泛，所以智慧插座通俗地說是節約用電量的一種插座，但是技術上還有待進步。

有的高級節能插座不但節電，還能保護電器。說它保護電器，主要是說它有清除電力垃圾的功能，有的還加入防雷擊、防短路、防超載、防漏電的功能，消除開關電源或電器時產生的電脈衝。

智慧插座面板採用先進的數位技術和微處理技術，具有非常多

的優點。例如：可由一個遙控器控制多個插座，也可一個插座配多個遙控器；可手控，可遙控，無方向，可穿牆，抗干擾性強；適用於遙控切斷電源和各種電器控制，節能、安全；因其智慧的節電功能，還可延長電器的使用壽命，產品優點如表 2-4 所示。

表 2-4 智慧插座的優點

優點	內容
控制多樣	可控制各種家用電器，例如節能燈、白熾燈、電視、冷氣、冰箱等
美觀實用	外觀色彩多樣，表面處理技術和工藝手段先進，抗褪色和老化；利用高級電器材料製造，無汙染、安全、環保、強度高
節約材料	模組式智慧開關，電源直接連接電器，不需要迴路控制線，所有燈具採用關聯方式，簡單明瞭，節省材料
配置靈活	能隨時隨地增加控制模組或遙控器，既能布局配置，也能全套配置
安裝簡單	無須改變傳統布纜方法，可直接替換原有牆壁插座
位置靈活	可隨心所欲的安裝在自己認為方便控制的地方
安全可靠	無線操作遠離強電，不會對老人小孩構成安全威脅，且採用標準元件，確保開關次數達 10 萬次
維護方便	更換時無須拆改線，即插即用

當下流行的智慧插座有定時插座、計量插座、遙控插座等節能型插座。雖然這些插座都能夠體現節能的宗旨，但也存在各種缺陷。相信隨著物聯網技術的不斷升級，智慧插座一定會克服這些問題。

專家提醒

> 智慧插座節電、安全，可用於家用及辦公用電器，將智慧 IC 晶片嵌入插座中，自動線上檢測電流變化，從而實現電器待機自動斷電，解決「待機能耗」問題；採用紅外線感應方式來開啟電源，不改變人們原有使用電器的習慣，使用更方便省電；內設防雷電、防高壓、防短路、防超載的功能；自動檢測電器的電流變化，從而斷電，徹底消除待機能耗問題，節能減碳、綠色環保。

2.2.6　智慧電動窗簾，擁有更加舒適的生活

傳統的窗簾布藝採用拉繩軌道或手動軌道開拉，當窗戶面積大、窗戶高或安裝厚重的窗簾布時，使用手動或拉繩都比較費力，並且容易導致窗簾損壞。

但現在就不用擔心這些問題了，因為將會有電動窗簾來幫你。所謂電動窗簾就是指透過主控制器遙控可直接開啟或關閉的窗簾，例如汽車窗簾、家裝窗簾、辦公室窗簾、會場窗簾等。

電動窗簾機主要由以下三部分組成。

- 控制窗簾開閉的智慧控制器系統。
- 操作和設定主控制器的無線控制器。
- 拉動窗簾的致動器 —— 電機和拉動機構。

主控制器是最後控制系統中的關鍵部分，主機控制電機的正、反轉動，透過滑輪拉動窗簾自動閉合或者打開，也可以使紅外遙控器直接遙控窗簾的開閉。

電動窗簾的分類也是多種多樣的，根據不同的分類標準可分為

很多種，如表 2-5 所示。

表 2-5 電動窗簾

分類標準	類型
安裝	內建式：看不到電動機，表面只有軌道
	外建式：表面可以看見電動機
操作機構和裝飾效果	可分為升降簾系列、開合簾系列、電動遮陽篷、天棚簾等系列，例如百葉窗、捲簾、羅馬簾、柔紗簾、風情簾、蜂巢簾等。電動窗簾的升降和拉開方式多種多樣，使用者可以選擇適合自己的樣式
系統	軌道系統
	控制系統
	裝飾布簾
驅動	直流電機驅動、交流電機驅動和電磁驅動等方式

專家提醒

直流電動機一般採用內建或外建電源變壓器，安全低能耗，運作時間長電動機也不發熱，為國際標準。其驅動功率一般較大，能負載的布簾可以達到 40 ~ 100 公斤，噪音比較小，特別是負載後比空轉聲音更小，且其控制電路比較簡單，一般都是內建接收器，不需要單獨外接接收器。

交流電機驅動方式可直接使用 220V 電源，控制電路比較複雜，一般需要外接接收器，且不太安全。因其驅動功率較大，故電動機易發熱影響使用壽命。

電動窗簾實現了窗簾的電動化，透過紅外線、無線電遙控或定時控制實現自動化，而且運用陽光、溫度、風等電子感應器，實現產品的智慧化操作，降低勞動強度，延長產品的使用壽命。

根據電動捲簾的使用場合不同，其控制方式系統械按鈕開關、紅外線控制、無線數位控制、智慧控制等，既可單獨控制，也可以群控。

電動窗簾除了能保護使用者隱私，實現單向透視以外，其主要功能還有隔熱、阻擋紫外線、調節採光。隨著物聯網技術的發展，人民生活和工作條件的不斷改善，電動窗簾越來越為人們所接受，在許多歐洲國家，電動窗簾已被廣泛應用於旅館、廠房、住宅、醫院、學校和各種商業建築中。

2.2.7 LED 變色燈，隨心所欲的燈光效果

還記得前面我們說過的智慧家居場景控制嗎？只要一鍵控制，就可以把整個家的場景調到我們想要的樣子，而構成場景的一大因素便是燈光。

下面就讓我們來瞭解一下智慧家居的重要構成部分 —— LED 變色燈吧。

在大多數人的生活空間中，相信用得最多的是白熾燈。雖然我們都習慣了，但是白熾燈發出來的或清冷或溫暖的燈光，絕對沒有「隨心而動」的效果，而 LED 變色燈則具有多種顏色變化功能，它能配合智慧家居主機或遙控器實現多種工作模式，獲得改變空間氣氛、特殊照明的效果。

LED 變色燈由電容降壓式穩壓電源、LED 控制器以及 G、R、B 三原色 LED 陣列組成，點亮後會自動按一定的時間間隔變色。循環地發出青、黃、綠、紫、藍、紅、白色光。例如點亮紅、藍兩

LED 時會發出紫色光；若紅、綠、藍 3 種 LED 同時點亮時，它會產生白光；如果有電路能使紅、綠、藍光 LED 分別兩兩點亮、單獨點亮及三原色 LED 同時點亮，則可發出 7 種不同顏色的光。

不僅如此，LED 變色燈的出現也打破了傳統光源的設計方法與思路，產生了兩種最新的設計理念。

(1) **情景照明**：2008 年飛利浦提出情景照明（AmbiScene），以環境的需求來設計燈具。情景照明以場所為出發點，旨在營造絢麗的光照環境，烘托場景效果。

(2) **情調照明**：2009 年由卡西歐提出的情調照明，以人的需求來設計燈具。情調照明與情景照明有所不同，情調照明是動態的，是可以滿足人的精神需求的照明方式，使人感到有情調；而情景照明是靜態的，它只能強調場景光照的需求，而不能表達人的情緒，從某種意義上說，情調照明涵蓋情景照明。

情調照明包含以下四個方面的優點：

- 環保節能
- 健康
- 智慧化
- 人性化

上述四點也是 LED 變色燈的最大優點，除了這些，LED 還有質優、耐用、壽命長的特點。

LED 變色燈投射角度調節範圍大，15W 的亮度相當於普通 40W 日光燈，抗高溫、防潮防水、防漏電；而且 LED 燈的適用性好，因單顆 LED 的體積小，故可以做成任何形狀，無有害金屬，廢棄物容易回收。這些都充分說明了未來 LED 在智慧家居中的重要性。

LED 變色燈還可用於節日聚會、生日派對，也可用於娛樂場所及廣告燈箱等。

2.2.8　三網電視，打造個性化的網路生活

隨著三網融合的不斷發展，智慧電視的應用也在逐漸打開市場，提前進入智慧電視領域的彩色電視企業，相信將全面領航智慧電視市場，成為核心主力。

三網融合是三大網路（網路、廣電網和通訊網）透過技術改造，功能趨於一致，業務範圍趨於相同，網路連接互通、資源共享，能為使用者提供語音、資料和廣播電視等多種服務。

而三網電視就是能同時存取三網的電視多媒體設備，它是基於 IC 卡技術平臺的動態三網電視，不僅率先實現了三網的融合，而且實現了三螢幕互動，使人們隨時隨地可以利用手機、電腦和電視進行上傳、下載、分享。

同時，三網電視還採用了三色光源 LED 技術與 2.48cm 的超薄外觀，讓外觀與畫質同時擁有高品質，而 IC 卡技術成功實現了「機卡分離」，解決了傳統固態電視內建功能模組無法進行硬體升級的弊端，實現了從軟體到硬體的全面升級，從根本上解決了技術發展迅速，電視更新換代帶來的汙染和浪費，並可透過不同功能的 IC 卡自由組合，隨需變身，為人們打造個性化的網路生活。

2.2.9　智慧床，完美適應人們的睡眠習慣

隨著智慧家居市場的不斷擴大，智慧床的發展也與日俱進，如果按正常時間來算，每個人至少每天要保證 8 小時睡眠，那麼一個

人一生在床上花費的時間就占去了生命的 1/3。傳統的床不會動、沒知覺，需要我們去適應它，但是智慧床則不然，例如，智慧床的床墊和床單採用的材料能夠根據人的體溫調節溫度，體溫高時降低溫度，體溫低時提高溫度。

它還能夠統計和分析人的睡眠資料，如果發現感染，可能出現感冒或者有其他病症時，會向主人發出警告。在床的另一端設定有一個大尺寸觸控螢幕，能夠即時顯示這些資料。

晚上當主人睡到床上時，床就會開啟「智慧」模式，自動將房間裡的燈都關掉，窗簾也會自動拉上。當我們第二天起床後，床又會「智慧」啟動起床模式。隨著物聯網技術的發展，智慧床將會擁有越來越多的功能，例如有的智慧床還有保護脊椎、自由方便、減震安靜、增進情趣的功能，因為它可以隨時調節以滿足主人的需求和喜好。

2.2.10 感應式廚具，提供更加貼心的廚房服務

廚房是一個家庭的重要組成空間，它包括了冰箱、垃圾桶、洗碗機、電子鍋等很多用具。前面已經提到了智慧電子鍋，而這裡將具體介紹感應式水龍頭和智慧流理臺。

感應水龍頭已經極為常見了，它採用的是紅外線反射原理，當手放在水龍頭的感應區域內時，紅外線發射管發出的紅外光經過手反射到紅外接收管，紅外接收管將處理後的訊號發送到控制出水的脈衝電磁閥系統，從而出水。當手離開水龍頭的感應區域內，紅外光就沒有了反射迴路，電磁閥自動關閉，水龍頭隨之自動關閉。

目前先進的廚房電控技術很多，包括電控升降吊櫃、升降流理

臺、升降洗碗機、一觸即開抽屜、兒童鎖抽屜等。在升降流理臺裡加入 RFID 技術，只要人身上有 RFID 卡片，升降流理臺便可以自動升降到符合使用者身高的高度，而使用者離開後，流理臺又會自動回落到原始高度。

專家提醒

> 智慧廚房完全低碳、環保、無汙染，透過一體化管理系統，使用者可以統一規劃烹飪流程。菜品的材料和營養資訊都會透過一體化管理系統顯示出來，更加方便人們下廚。
>
> 例如，冰箱內的肉被拿出放置在砧板上時，一體化管理系統會提示材料名稱、重量以及營養價值，同時烤箱的解凍模式開啟，方便使用者對肉進行下一步工序。

2.2.11　警報感測器，讓家居安全防範更加智慧化

家庭警報功能是智慧家居系統的重要功能，是家庭警報體系的「大腦」，它與家庭的各種感測器、功能鍵、探測器及執行器共同構成家庭的警報體系。

警報監控系統是應用光纖、同軸電纜或微波在其閉合的環路內傳輸影片訊號，並從攝影到圖像顯示和紀錄構成獨立完整的系統，可以簡單理解為圖像的傳輸和儲存、資料的儲存和處理，是準確而帶有選擇性操作的技術系統。

智慧警報系統能即時、形象、真實地反映被監控對象。它可以在惡劣的環境下代替人工進行長時間監視。若家中被非法人員入侵，警報系統設備則會馬上警報，產生的警報型號輸入警報主機，

警報主機觸發監控系統影片並將現場情況記錄下來。

智慧警報與傳統警報的最大區別在於「智慧化」。傳統警報對人的依賴性比較強，非常耗費人力，且不能夠隨時隨地全面監控，而智慧警報能夠透過機器實現智慧判斷。

警報系統主要是由保全中心管理主機、家庭警報器、各類感測器和傳輸纜線組成。

各類感測器對家庭重要地點和區域布防，品種齊全的感測器能代替傳統家居內鋼筋防盜網，讓業主生活在更安全、舒適的環境之中。各類感測器的介紹，如表 2-6 所示。

表 2-6　警報系統的各類感測器

種類	功能
門磁感應器	主要安裝在門及門框上。當有盜賊非法闖入時，家庭主機報警，管理主機會顯示報警地點和性質
紅外感應器	主要安裝在窗戶和陽臺附近，紅外線探測非法闖入者。較新的窗臺布防採用「簾幕式紅外偵測器」，透過隱蔽的一層電子束來保護窗戶和陽臺
玻璃破碎感應器	安裝在面對玻璃位置，透過檢測玻璃破碎的高頻聲而報警
吸頂式熱感探測器	一般安裝在客廳，透過檢測人體溫度來報警
煤氣洩漏探測器	一般安裝在廚房或浴室，當煤氣洩漏到一定濃度時報警
煙感探測器	一般安裝在客廳或臥室，檢測家居環境煙氣濃度，到一定程度時報警
緊急求助按鈕	一般安裝在較隱蔽地方，家中發生緊急情況時，直接向警消單位求助

溫 / 濕度感測器	一般安裝在客廳或房間，可以即時回傳不同房間的溫濕度值

警報功能還包括防盜、防火、煤氣泄露警報及緊急求助等功能。

如果煤氣泄露，煤氣探測器馬上發出警報聲，並自動啟動排風扇，避免室內人員發生不測。同時，透過電話線智慧警報系統會將警情自動報告給指定電話。

假如電線短路發生火災，煙霧探測器就會探測到煙霧，發出警報聲，提醒室內人員，並自動透過電話對外警報，以便迅速及時地處理火災。

若家中不幸遇到搶劫，或者家人突發急病，無法撥打電話時，受害人只需按下手中的遙控器或隱蔽求救器，即可在幾秒內對外警報求救，從而獲得最快支援。

警報系統是以系統的可靠性為基礎的，並結合防盜警報、火災警報和煤氣泄漏警報等系統，家庭中所有的安全探測裝置，都連接到家庭智慧裝置，並聯網到保全中心，外出時只需按下手中的遙控器，警報系統就會自動進入防盜狀態。這樣，房子的主人就再也不用擔心家庭警報的問題了。

警報系統之所以在許多方面被廣泛應用，是因為警報系統的「智慧」功能是不可忽視的，如表 2-7 所示。

表 2-7 家庭警報系統功能

功能	說明
報警設備存取平臺服務	原有報警系統無縫對接新系統平臺，無須修改便可存取新系統
即時視訊查看業務	在網路環境下，只要打開手機，即可隨時隨地看到家裡的情況
報警聯動功能	例如行動偵測報警、設備異常掉線報警、聯動抓拍、聯動錄影等
支持行動電話業務	使用者可透過手機瀏覽影片，接收警報簡訊，遠端手機布、撤、防功能。透過監控客戶，當報警事件發生時，能準確無誤的響應報警位置，並向救援人員提供住戶資訊。
大量的儲存功能	能有效儲存 3 ～ 5 年報警資料，方便可查。
其他	利用電信業者服務平臺，有效節省報警系統的通訊費用。 電腦、手機裝置綁定使用者手機，具有驗證碼功能。

隨著社會、經濟的發展，人們的安全意識也有了相應的提高，家庭警報系統的產生和發展是不可避免的趨勢。警報系統可以滿足家庭、商業大樓、社區等各種場所的防盜警報需求。

電話警報，易於聯網，智慧警報系統的警報控制主機可透過聯網方式警報，更多的是採用電話網路警報至保全中心，無須另布聯網線路，極為方便，採用總線方式布纜，大大降低系統造價。

保全中心透過監控管理軟體即時監測各種系統狀態，可以雙向控制警報系統，還可以與警察局聯網並自動警報，構成多級聯網警報系統。

智慧警報系統層層設防、嚴密監控、綜合管理，已然晉升為當代多數家庭的保護神。

2.2.12 智慧背景音樂系統，隨時隨地提供美妙的音樂

智慧背景音樂系統不像傳統家庭用音響或播放器欣賞音樂那樣具有局限性，只要你想聽，打開電腦或手機，或按一下遙控器，就可以一鍵沉浸在音樂的氛圍中。

智慧背景音樂系統可在任意房間都布上背景音樂線，透過一至多個音源，讓每個房間都能聽到美妙的音樂。不僅如此，它還有淨化家居環境的功能，包括掩蓋外界的噪音，營造幽靜、浪漫、溫馨的氣氛，淨化心靈、陶冶情操、體現品味。例如清晨起床，你可以打開背景音樂，讓每一個房間都充斥著溫馨的音樂聲，讓家人在柔美的背景音樂聲中起床，迎接美好的一天。

智慧背景音樂系統主要採用吸頂喇叭，它不占據空間，不怕油煙水氣，並且和天花板融為一體，不但不影響裝修的整體外觀，還可美化空間，有很好的裝飾作用。

2.3 案例介紹：智慧家居的典型表現

2.3.1 「零能耗」的「滬上 · 生態家」

滬上 · 生態家是唯一代表上海參展世博的實物案例專案，從一百零六個競爭專案中脫穎而出、集最先進的生態技術於一身的「聰明屋」——「滬上 · 生態家」給觀眾帶來了健康、「樂活」人生體驗。

你能看出來它是用「垃圾」建造的一所房子嗎？這絕對是真的，它的建築材料都是源於「垃圾」。

立面乃至樓梯踏面鋪砌的磚，是上海舊城改造時拖走的石庫門磚頭，內部的大量用磚是用「長江口淤積細沙」生產的淤泥空心磚和用工廠廢料「蒸壓粉煤灰」製造的磚頭，石膏板是用工業廢料製作的脫硫石膏板。

木製的屋面是用竹子壓製而成的，竹子生長週期短，容易取材，可以避免木材資源的耗費。陽臺製作採取了「工廠預製、整體吊裝」的方式，把建造汙染降到最低。

相關負責人表示：根據流體力學「嵌」在整座建築之中的「生態核」，將對四面八方的風進行「最佳化組合」，並透過植物過濾淨化系統，使得四季室內空氣都能保持暢通清新。

「生態核」頂部設計開合屋面，在加強自然通風效果的同時，增大室內採光效果。屋頂安裝的「追光百葉」可以跟隨太陽角度的變化而自動轉變角度，一方面造成遮陽作用，另一方面反射環境光，提高室內照明度。

在室內光線達不到照明標準時，窗簾百葉會自動調整。同時室內燈光會自動亮起。而其動力則來源於太陽能薄膜光伏發電板、靜音垂直風力發電機等所產生的清潔能源。利用舊磚砌築的「呼吸牆」的先進設計，為建築牆面穿上一層「空氣流動」內衣，可以降低牆面的輻射溫度，有調節室內溫度的功能。

生態家中的兩個電梯也暗藏玄機，一個是位能回收電梯，在上上下下之間，所產生的「位能」不經意間被儲存；另一個則是變速電梯，可以根據電梯乘客的多少來控制電梯速度。

「滬上．生態家」的外表種植容易拆卸更換的模組式綠色植物，使整個屋子如大自然般清新可人，這些植物不用人特別照顧，智慧化裝置控制的「滴灌」技術將根據植物所需的水量來進行有目的的「滴灌」，用最少的水資源將植物「餵」得恰到好處。

不僅如此，在「三代廚房」裡，使用天然氣所產生的廢氣有 70% 可被轉化為電能，然後這些電能可供廚房裡的電磁爐、微波爐等電器使用。

在未來，老年人還可以透過一套系統檢查自己的身體狀況。例如老人坐在沙發上看電視，然後按下一個按鈕，電視螢幕上就能顯示老人的身高、體重、血氧含量等一系列健康指標。

有資料顯示：「滬上．生態家」建築整體綜合節能 60%，室內環境達標率 100%，可再生能源利用率 50%，二氧化碳排量減少 140 噸，空間採光係數在 75% 以上等。如果這樣的生態建築能夠普及，對於現代都市來講，無疑會大大減輕都市能源和環境負擔。

2.3.2 各式各樣的智慧家居式酒店

隨著智慧家居的不斷發展，現在很多酒店也進入了「智慧化」時代，下面我們就一起去瞭解一下吧。

(1) 法國巴黎的「Murano Resort」酒店。

雖然從外觀來看，這是一棟普通的古老建築，但實際上裡面卻充滿了各式各樣好玩、有趣而時尚的設計，其所有客房都擁有個性十足的裝潢和高級的科技配備。

從簡約的以白色為主顏色點綴的大堂開始，這裡的一切都由科技帶出時尚感。進入房間之前，你必須使用透過認證的智慧指紋鎖系統。

帶有前衛潮流設計的客房，在床頭設有燈光控制器，客人可依據個人喜好調節不同的色彩，賦予房間不同的個性。此外，房間內的平板電視、DVD 以及 CD 機可打造奢華娛樂視聽享受。

(2)「Hazelton Hotel」智慧家居式酒店：位於多倫多繁華地段約克維爾，自建立起，它就為業界的五星級酒店樹立了一個新標準。不管是風格、細節抑或服務，智慧化科技產品的運用讓其富有了新的活力。

硬朗前衛的「Hazelton Hotel」大量使用花崗岩作為其外觀及室內構架建築，並為員工配備了 Vocera 通訊系統。

透過隨身佩戴加載了該系統的胸卡，侍者能夠及時恰當地為酒店裡任何一個角落的客人送上服務，也能透過系統快速找到其他員工，更好地為需要服務的客人解決難題。

不僅如此，客房內配備的各類高科技產品都提供了完善的商務娛樂環境。更新換代後的電子控制系統，只需透過觸摸面板開關，便能讓侍者清晰地瞭解客人的入住狀況，確保其休息時不受打擾，出外後又能使房間恢復原狀。

(3) 阿布達比酋長國皇宮酒店：曾在電影《慾望城市》中耀眼登場的阿布達比酋長國皇宮酒店極盡奢華之道，酒店不論是空間裝潢還是設施服務，都屬百分百的王族級別。

入住客人每人都配備有一臺帶有 8 英吋彩色螢幕的超級智慧型掌上電腦。透過這臺裝載有 Linux 系統的攜帶式裝置，客人可以透過它與電視、立體聲音響以及其他裝置相連，設定叫醒電話、下載電影、影片或召喚客房服務，甚至足不出戶購買飯店商場裡的東西或結帳退房等，是名副其實隨心所欲的無線生活。

(4) 美國西雅圖有名的「Hotel 1000」就是智慧式家居酒店：酒店提供一系列全天候、多用途智慧外設基礎設施，讓客人從登記入住、室內溫度到商務工作、居住休閒等都可以透過網路平臺來完成。

酒店員工透過門鈴下方的智慧系統，檢查該房間是否有人入住。若有人入住就檢查客人是否設定了「請勿打擾」提醒。若顯示沒有人入住，房間內的客房服務、保養以及個人酒吧都將自動重新整理並提供使用。

科技化的設施同樣運用在私密的浴室中。例如，義大利式雙人浴缸擁有隱藏在天花板內的水箱，為洗浴的人提供穩定流量的淋浴，讓其在舟車勞頓的旅途中盡情放鬆。

這樣的酒店絕對能滿足對各項高科技產品瞭如指掌的旅客，並能帶給他們更多的智慧化體驗。

2.3.3 比爾蓋茲「最有智慧」的豪宅

比爾蓋茲是 20 世紀最偉大的資訊產業巨人，做軟體出身的他居住的地方也讓人歎為觀止。比爾蓋茲耗巨資、花費數年建造起來的大型科技豪宅，堪稱如今世界智慧家居的經典之作，高科技和家居生活的完美融合，成為世界關注的一大奇觀。

比爾蓋茲的豪宅坐落在西雅圖，外界稱它是「未來生活預言」的科技豪宅、全世界「最有智慧」的建築物。這座著名的「大屋」(Big House) 雄踞華盛頓湖東岸，前臨水、後倚山，占地面積極為龐大，共有 66000 平方英畝，相當於幾十個足球場。這座豪宅共有

7 間臥室、6 個廚房、24 個浴室、一座穹頂圖書館、一座會客大廳和一片養殖鱒魚的人工湖泊等。

下面我們來看一下比爾蓋茲的家居究竟有多少「聰明」的地方吧。

(1) **遠距離遙控**：用手機接通別墅的中央電腦，啟動遙控裝置，不用進門也能指揮家中的一切。例如提前放滿一池熱水，讓主人到家時就可以泡個熱水澡，當然也可以控制家中的其他電器，例如開啟冷氣、調控溫度、簡單烹煮等。

(2) **電子胸針「辨認」客人**：相信每個有幸到過比爾蓋茲家裡作客的人都會有賓至如歸的感覺，而有這種感覺，都是一枚小小的「電子胸針」的功勞。

整個豪宅根據不同功能分為 12 個區域，這枚「電子胸針」就是用來辨認客人的。它會把每位來賓的詳細資料藏在胸針裡，使地板中的感測器能在 15 公尺的範圍內追蹤足跡。當感測器感應到有人到來，時就會自動打開相應的系統，離去時就會自動關閉。

如果不瞭解其中的技術運用，你會不會覺得豪宅就像是一個神機妙算的諸葛亮呢？它什麼都瞭解。但是如果沒有這枚「胸針」就麻煩了，防衛系統會把陌生的訪客當作「小偷」或者「入侵者」，警報一響，就會有保全出現在你面前了。

具體過程是：訪客從一進門開始，就會領到一個內建晶片的胸針，透過它可以預先設定客人偏好的溫度、濕度、音樂、燈光、畫作、電視節目等條件。

無論客人走到哪裡，內建的感測器就會將這些資料傳送至「Windows NT」系統的中央電腦，電腦會根據資料滿足客人的需求。當客人踏入一個房間，藏在壁紙後方的揚聲器就會響起你喜愛的旋律，牆壁上則投射出你熟悉的畫作。此外，客人也可以使用一個隨身攜帶的觸控板，隨時調整感覺，甚至當你在遊泳池戲水時，水下都會傳來悅耳的音樂。

整個建築的照明系統也是全自動的，大約鋪設了長達 80 公里的電纜，數位神經綿密完整，種種智慧家電就此透過聯結而「活」起來；再加上宛如人體大腦的中央電腦隨時上傳下達，頻繁地接收手機、收訊器與感應器的訊號，那些衛浴、冷氣、音響、燈光則特別聽話，但是，牆壁上卻看不到一個插座。

(3) **房屋的安全係數**：豪宅的門口安裝了微型攝影機，除了主人外，其他人進門均由攝影機通知主人，由主人向電腦下達命令，開啟大門，發送胸針進入。

當一套安全系統出現故障時，另一套備用的安全系統則會自動啟用。若主人外出或休息時，布置在房子周圍的警報系統便會開始工作，隱藏在暗處的攝影機能拍到房屋內外的任何地方，並且發生意外時，住宅的消防系統會自動對外警報，顯示最佳營救方案，關閉有危險的電力系統，並根據火勢分配供水。

雖然講了這麼多，但這些也都只是比爾蓋茲豪宅的智慧家居技術的九牛一毛。在龐大的豪宅裡，處處都是高科技的影子，讓人驚嘆不已！

每一次大危機，都會催生一些新技術，而新技術也是使經濟，特別是工業經濟走出危機的巨大推動力。

物聯網智慧家居系統主要可以實現以下五大功能。

(1) **遠端控制** —— 一個按鍵，家電聽話。在上班途中，突然想起忘了關家裡的燈或電器，觸摸手機就可以把家裡想要關的燈和電器全部關掉；下班途中，觸摸手機按鈕讓電子鍋先煮飯，熱水器先預熱，一回到家，馬上就可以享用香噴噴的飯菜、洗熱水澡；若是在炎熱的夏天，用手機就可以把家裡的冷氣提前開啟，一回家就能享受絲絲涼意；可以直接一鍵式控制家裡所有的燈和電器。

(2) **定時控制**——免費褓母，體貼入微。早晨，當你還在熟睡，臥室的窗簾會準時自動拉開，溫暖的陽光灑入室內，輕柔的音樂慢慢響起，呼喚你開始全新的生活。當你起床洗漱時，電子鍋已開始烹飪早餐，洗漱完就可以馬上享受營養早餐。餐畢不久，音響自動關機，提醒你該去上班了；輕按門廳口的「全關」鍵，所有的燈和電器全部熄滅，警報系統自動布防，這樣就可以安心去上班了。和家人外出旅遊時，可設定主人在家的虛擬場景，這樣小偷就不敢輕舉妄動了。

(3) **智慧照明**——夢幻燈光，隨心創造。

- 輕鬆替換：無論新裝修戶，還是已裝修戶，只要在普通面板中存取超小模組，就能輕鬆實現智慧照明，給生活增添更多亮麗色彩。
- 軟啟功能：燈光的漸亮漸暗功能，能讓眼睛免受燈光驟亮驟暗的刺激，同時還可以延長燈具的使用壽命。
- 調光功能：燈光的調亮調暗功能，在讓您和家人分享溫馨與浪漫的同時，還能達到節能和環保的功能。
- 亮度記憶：燈光亮度記憶功能，使燈光更富人情味，讓燈光充滿變幻魔力。
- 全開全關：輕鬆實現燈和電器的一鍵全開全關。

(4) **無線遙控** —— 隨時隨地，全屋遙控。只要一個遙控器，就可以在家裡任何地方遙控家裡所有的燈和電器；而且無須頻繁更換各種遙控器，就能實現對多種紅外家電的遙控功能；輕按場景按鈕，就能輕鬆實現「會客」、「就餐」、「電影院」等燈光和電器的組合場景。

(5) **場景控制** —— 夢幻場景，一「觸」而就。回家時，只要輕按門廳口的「回家」鍵，想要開啟的燈和電器就自動開啟，馬上可以準備晚餐。備好晚餐後，輕按「就餐」鍵，就餐的燈光和電器組合場景即刻出現。晚餐後，輕按「電影院」鍵，欣賞影視大片的燈光和電器組合場景隨之出現。若晚上起床，只要輕按床頭的「起床」鍵，通向廁所的燈帶群就會逐一啟動。

第 3 章
智慧都市，形成新型資訊化都市形態

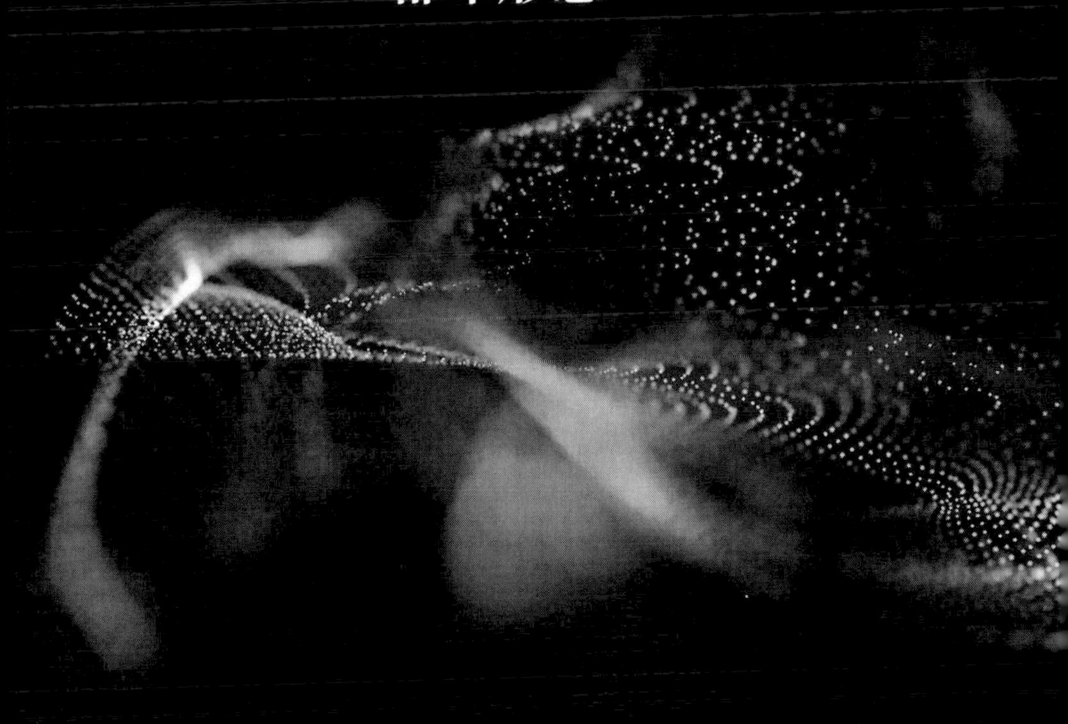

學前提示

智慧都市是一種新型的資訊化都市形態，它是物聯網、雲端運算等新技術的具體應用。如今，智慧都市的建設已經在全球各地迅速開展，並已成為一種勢不可擋的趨勢。本章主要介紹智慧都市的相關概念及其具體案例應用。

要點展示

- 先行瞭解：智慧都市的基礎概況
- 內容分析：智慧都市的具體建設
- 案例介紹：全球智慧都市建設

3.1　先行瞭解：智慧都市的基礎概況

【場景 1】清晨出門，我們會等公車或者自己開車去上班，然後開始一天的工作。下班之後，若得閒暇，我們也許想去超市買些自己喜歡的東西，但卻因為擔心超市人多，排隊付款浪費時間而作罷。

但是現在再也不用擔心這些問題了。因為早上出門前，我們只要坐在家裡打開手機或電腦一查，就能知道要等的公車還有多遠，然後選擇公車快到的前幾分鐘出門便可以了。若是上班期間擔心學校裡的孩子，只要打開手機，就能馬上看到孩子在學校上課的情況；更不用擔心超市人多，排隊浪費時間！在超市，你只需推著滿載的購物車透過感應器，購物帳單就能自行影印，無須逐一掃瞄條碼，方便快捷。

不用懷疑，這些已經不再只是電影或想像中的場景了，智慧都市會讓這一切全部實現。

3.1.1 智慧都市的詳細概念

前面我們已經從發展、技術、產業、應用等方面介紹了物聯網，而智慧都市就是物聯網應用最直接、最集中的體現。智慧都市的建設可以把物聯網帶入都市，使物聯網走進生活，讓每個人都能體驗。

那麼，到底什麼是智慧都市呢？

智慧都市願景，於2010年被IBM正式提出，希望為世界都市發展貢獻自己的力量。IBM的研究認為，都市由6個核心系統組成：組織（人）、業務/政務、交通、通訊、水和能源。這些系統不是零散的，而是以一種合作的方式相互銜接。都市本身則是由這些系統所組成的總體系統，如圖3-1所示。

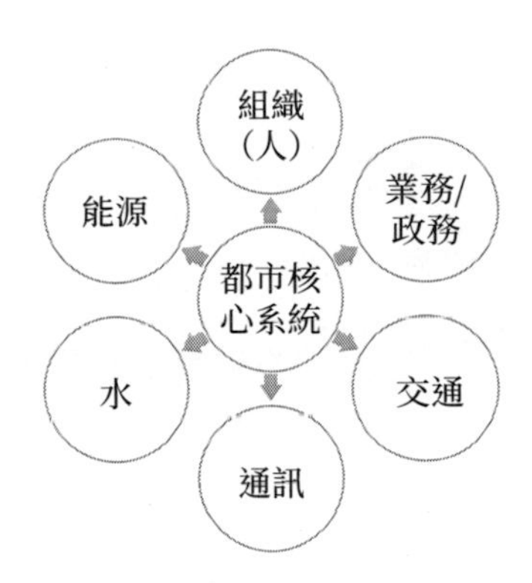

圖3-1　都市系統構成

21世紀的「智慧都市」，運用物聯網，可以對民生、環保、公共安全、都市服務、工商業活動在內的各種需求作出智慧的響應，為人類創造更美好的都市生活。

智慧都市其實就是把新一代資訊技術充分運用在都市的各行各業之中，基於知識社會下一代創新的都市資訊化高級形態。

《創新 2.0 視野下的智慧都市》一文從技術發展和經濟社會發展兩個層面創新解析智慧都市，強調智慧都市不僅僅是物聯網、雲端運算等新一代資訊技術的應用，更重要的是透過面向知識社會的創新 2.0 的方法論應用。

智慧都市是一個複雜的、相互作用的系統。在這個系統中，資訊技術與其他資源要素最佳化配置並共同作用，促使都市更加智慧地運行。

所以智慧都市是基於網路、雲端運算等新一代資訊技術和大數據、社交網路、創新 2.0、生活實驗室、綜合整合法等方法，營造有利於創新湧現的生態、實現全面透徹的感知、寬頻無所不在的連接、智慧融合的應用，以及以使用者創新、開放創新、大眾創新、協同創新為特徵的永續創新。

專家提醒

創新 2.0 即面向知識社會下的創新 2.0 模式，普通大眾不再僅僅只是科技創新的被動接收者，而是可以在知識社會條件下扮演創新主角，直接參與創新進程。

創新 2.0 特別關注使用者創新，是以人為本、以應用為本的創新。《複雜性科學視野下的科技創新》一文認為創新 2.0 是「以使用者為中心，以社會實踐為舞臺、以共同創新、開放創新為特點的使用者參與的創新」。

3.1.2 智慧都市的產生背景

資訊通訊技術的融合和發展，消融了資訊和知識分享的壁壘，也消融了創新的邊界，推動了創新 2.0 形態的形成，並進一步推動各類社會組織及活動邊界的「消融」。創新形態不但自身由生產範式向服務範式轉變，也帶動了產業形態、政府管理形態、都市形態由生產範式向服務範式的轉變。

以物聯網、雲端運算、行動網路為代表的新一代資訊技術，以及知識社會環境下逐漸孕育的開放的都市創新生態，這些都推動了智慧都市的產生。前者是技術創新層面的技術因素，後者是社會創新層面的社會經濟因素。

IBM 最早在 2008 年提出「智慧地球」和「智慧都市」的概念，2010 年，正式提出了「智慧的都市」願景。

所以，智慧都市的產生及熱門都是無法阻擋的熱潮。不管是經濟、社會，還是政策方面都推動了智慧都市的產生。

1．智慧都市的社會背景

目前，都市發展面臨的挑戰和問題日漸突出。例如氣候惡化、環境破壞、交通壅塞、食品安全、公共安全、能源資源短缺等問題，已嚴重影響到都市的永續發展。

據悉，歐洲每年有 4 萬人死於交通事故，170 萬人在交通事故中受傷；開發中國家有 11 億人面臨水資源短缺，全球約有 26 億人缺乏衛生設備。

2011 年，全球超過百萬人口的都市已經有 500 多個，全世界有 50% 的人口生活在都市中，這標誌著人類整體上步入了嶄新的

「都市」文明階段；2015 年，全球有超過三分之二的人口居於城鎮。如何對有限資源進行最佳化分配，平衡都市發展的各方需求，實現都市經濟、社會和環境協調發展，成了一個重要課題。建設一個安全、健康、便捷、高效、低碳的智慧都市刻不容緩！

2．智慧都市的政策背景

表 3-1 所示，就是智慧建設的關鍵因素。

表 3-1　智慧建設的關鍵因素

建設項目	建設目標
產業結構	高附加價值、高度自有產權，規模化、集約化
建設資源節約型社會	資源再生利用，生態環境建設，環保新技術
技術創新與都市化	以技術帶動都市發展，以都市化帶動農業地區發展

3．智慧都市的經濟背景

如今，世界建設智慧都市已經成為必然趨勢，發展智慧都市已成為目前各國核心策略及解決危機的重要方法。全球 170 多個都市在試點建設智慧都市，未來還會以每年 20% 的速度成長。

智慧都市是以數位都市為基礎，但伴隨著技術的不斷進步和時代的需求，其內涵在不斷增加。例如網路都市、智慧都市等內涵，會更加全面，更加貼近生活。

智慧都市建設已經成為拉動新經濟的重要動力和舉措，在帶動固定投資成長的同時，資訊科技的普及與新技術的開發也將得到持續的推動。

3.1.3 智慧都市的發展起源

智慧都市是都市發展的新興模式。其服務對象面向都市主體——政府、企業和個人。它的結果是都市生產、生活方式的變革、提升和完善，終極表現為人類擁有更美好的都市生活。

智慧都市是如何一步一步進入我們的視野，滲透到我們的生活當中來的呢？其實，在智慧都市之前，已經有很多關於都市的概念產生，例如數位都市、生態都市、感知都市、低碳都市等，如圖 3-2 所示。

智慧都市的概念可以說與這些概念相交叉，或者也可以說是在這些概念的基礎上建立的。有的人認為智慧都市的關鍵在於技術應用，而有人認為智慧都市的關鍵在於網路建設，有人還認為關鍵在人的參與，關鍵在於智慧效果。一些資訊化建設的先行都市則強調智慧都市的關鍵應以人為本，以永續創新為主。

但是，智慧不僅僅是智慧，智慧都市可以說是包含了以上所有的內容。它固然是資訊技術的智慧化應用，但也包括人的智慧參與、以人為本、永續發展等內涵。

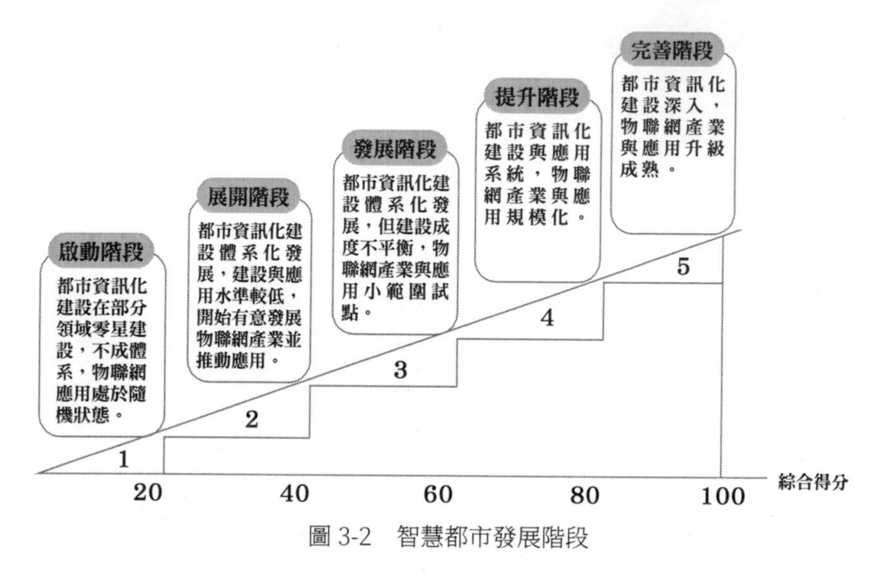

圖 3-2　智慧都市發展階段

21 世紀是一個高科技的時代，資訊技術高速運轉，科技應用時刻發展，家居智慧化也在此期間大有作為。智慧都市便是在如此的環境中不斷探索與學習，一步一步地成長起來的。

智慧都市的發展主要還是因為網路通訊技術、大數據與雲端運算、地理資訊技術與 IBM、社會運算及其他相關技術的發展。這些技術在智慧都市建設中被整合應用，將帶來新的機遇與挑戰。

智慧都市並不是一個具體專案，如同環保都市一樣，是都市在資訊化發展方面的具體目標。它包括了都市的網路化、數位化、智慧化三個方面的內容。

隨著都市化不斷深入，都市的規模愈加龐大，智慧都市的建設可以說是因發展需求而被迅速推進。智慧都市自身的價值就是要實現「智慧人生」。融合家居智慧化、雲端運算、行動網路等新一代資訊技術，具備迅捷資訊擷取、高速資訊傳輸、高度集中運算、智慧資訊處理和無所不在的服務提供能力，實現都市內及時、互動、整合的資訊感知、傳遞和處理，以提高民眾生活幸福感、企業經濟競爭力、都市永續發展為目標的先進都市發展理念。

人們透過個人電腦、手機、電視等各種裝置，可以對都市裡的一切隨時、隨地地查詢瞭解，並進行標註分析、分享互動。

智慧都市應該把都市中的一切，包括建築物的實體、路燈、道路、橋梁等各種都市設施，全部實現數位化，實景化。

智慧都市從最初的智慧家電，不斷豐富之後，現在又細分為智慧社區、智慧醫療、智慧交通等新興概念，越來越多地融入都市生活，相信智慧都市的建設會讓人們的生活越來越高效便捷。

專家提醒

智慧都市的發展軌跡如同人的成長一樣，出生、成長、蛻變、不斷追尋新目標，雖然也會遇到難題，但只要一直不斷地克服它，不斷前進，就能實現更多價值。最終，付出總會有收穫。

3.1.4　智慧都市的發展特徵

物聯網技術的發展提高了都市的生活品質，也為都市中的物與物、人與物、人與人的全面連結、互動提供了基礎條件。

智慧都市是比較先進的理念，雖然不能一蹴而就，但在它前面早已有了「數位都市」、「平安都市」等的鋪墊。智慧都市的發展特徵，如表 3-2 所示。

表 3-2　智慧都市的發展特徵

發展階段	特徵
全面物聯	智慧感知設備將都市公共設施物聯網化，對都市運行的核心系統即時感測
充分整合	物聯網與網際網路系統完全連接和融合，將數據整合為都市核心系統的運行全圖，提供智慧的基礎設施
激勵創新	鼓勵政府、企業和個人在智慧基礎設施的基礎上進行科技和業務的創新應用，為都市提供源源不斷的發展動力
協同運作	智慧感知分析，影響多元需求，實現物理空間、網路空間的一體化。基於智慧的基礎設施，都市裡的各個關鍵系統和參與者進行和諧高效合作，達成都市運行的最佳狀態
互動創新	發展知識型、創新型經濟。大眾多方參與是建設「智慧都市」的一大特徵。 人的參與，就是政府的自理部門、市民參與、政府多部門之間的系統參與等，以及建立起制度化融合機制，提供源源不斷大眾智慧為基礎的發展動力

智慧都市本身有一個建立得很好的治理機制，可使它永續發展。但是智慧都市不是一天，也不是一年就能建成的，它是一個比較長遠的工程，需要我們腳踏實地，一步一步地來。

智慧都市的建設要注重從市民需求出發，建設智慧都市更重要的是要有市民的參與、社會協同的開放、創新空間的塑造以及公共價值與獨特價值的創造。

技術的融合與發展進一步推動了從個人通訊、個人運算到個人製造的發展，也推動了實現智慧融合、隨時隨地的應用，進一步彰顯了個人參與智慧都市建設的力量。

3.2 內容分析：智慧都市的具體建設

智慧都市的建設一直都在進行中。一邊建設一邊思考，一邊吸取經驗，使各國的智慧都市建設系統逐漸完善。

建設智慧都市的最終目的是最大化地促進都市的轉型與升級，從而解決都市發展中的一系列問題。

3.2.1 涉及領域

智慧都市的建設是把以往那些被分別考慮、分別建設的領域，例如交通、物流、能源、商業、通訊等，綜合起來考慮的一項建設措施。

另外，它需要借助新一代的雲端運算、物聯網、分析決策等資訊技術，透過感知化、連接化、智慧化的方式，將都市中的物理、社會、資訊和商業基礎設施連接起來，成為新一代的智慧化基礎設施。

智慧都市的建設使得都市中各個領域、各個子系統之間的關係顯化，類似於替都市裝上網路神經系統，使之成為可以指揮決策、即時反應、協調運作的系統。

我們可以先從智慧都市的建設階段，大致瞭解一下智慧都市需要建設的內容，如表 3-3 所示。

表 3-3　智慧都市建設的三個階段

階段	建設內容
第一階段	此階段是智慧化基礎設施的建設，例如物聯網建設、雲端運算中心建設等，只有實現數位化，才能談智慧化的問題。從服務性來說，都市管理、都市公共設施、基礎服務設施的數位化最為關鍵
第二階段	此階段是融合的智慧都市建設階段，將來源於不同領域的都市基礎服務資訊，實現基礎性的連接和互動挖掘，以形成無所不在的都市服務
第三階段	此段是智慧都市的內在發展階段，實現更透徹的感知、更廣泛便捷的連結、更深入的智慧化表現

從上表可以看出，智慧都市的建設內容有兩大方面，分別是現代網路基礎建設和都市資訊的資源開發利用。

現代網路的基礎建設包括大力推進廣電網、電信網、網路「三網」融合，積極探索「三網」與無線寬頻網、物聯網、下一代網路的「多網融合」。

加速推進資料中心建設也是網路基礎建設的一部分。加速引進行動通訊資料中心、重點產品和資源資料中心、市民健康資料中心、空間資源中心等一批面向重點產業應用的資料中心專案。引導電信業者和廣電集團、著名資訊技術（IT）企業投資建設公共服務型的企業級資料中心和災備中心。

在都市資訊資源的開發利用方面，應著力加速資料庫建設、推進資訊資源資料交換和共享體系建設以及加速培育資訊資源市場，如圖 3-3 所示。

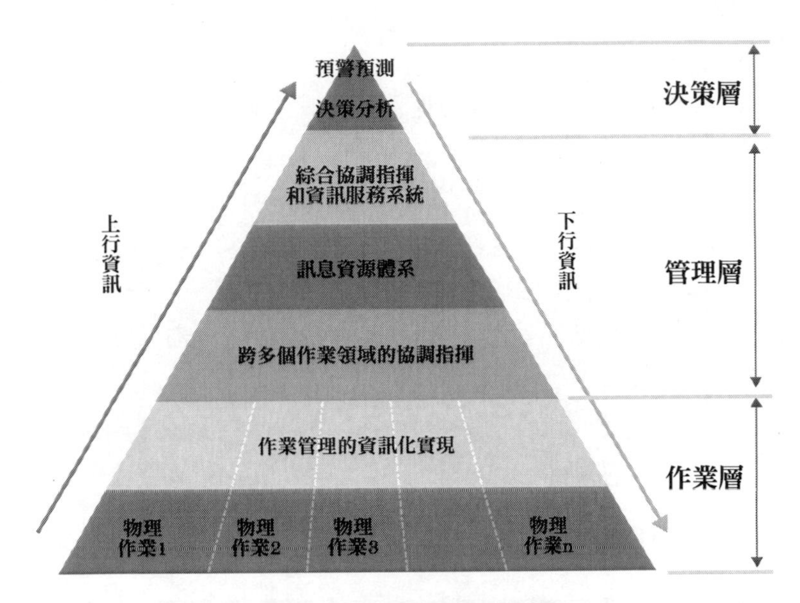

圖 3-3　都市資訊資源體系

基礎平臺和資料庫建設重點要做好人口、自然資源與地理資源、3D 地理空間和總體經濟四大基礎資料庫建設；加速人才資源、文化資源、創新資源、都市管理等綜合資料庫建設。

透過集中儲存和管理，積極建立財稅、衛生、房地產、交通、教育、水利、檔案等幾大產業資料庫，加強重點領域資訊資源的整合，形成各類決策分析資料。

積極推進資訊資源資料交換和共享體系建設，並積極引導企業、大眾和其他組織開展公益性資訊服務，促進公共資訊資源市場化開發利用。

積極探討和引入競爭機制、價格機制、供需機制以及約束機制，充分調動社會資源參與公共資訊資源的開發與供給，運用市場方法來管理和分配公共資訊資源。

專家提醒

在資訊社會，安全性是無法避免的一個問題，解決資訊安全的辦法有以下幾種。

- 加速推進資訊安全基礎建設，完善網路應用的資訊安全監管體系建設。
- 完善資訊的安全測評和安全等級保護等資訊安全制度，規範重要資料庫和資訊系統的開發、營運和管理等各個環節的安全工作。
- 完善企業身分認證中心，著力建設個人身分認證中心。

3.2.2　建設內容

智慧都市的主要建設內容是實現對社會生產生活各領域的精細化、動態化管理，以智慧公共服務、智慧社會管理、智慧人文、智慧安居、智慧教育、智慧生活等為重要建設內容，如表 3-4 所示。

表 3-4　智慧都市的建設內容

建設內容	建設方式
智慧公共服務	積極推動都市人流、物流、資訊流、資金流的高效運行。透過加強醫療、就業、文化、安居等專業性應用系統建設，以及透過提升都市建設和管理的規範化、精準化和智慧化水準，有效促都市公共資源在都市範圍內共享。

智慧 社會管理	1. 推進各種卡類的工程建設，整合健保卡、金融卡、信用卡、悠遊卡等功能，逐漸實現真正的「一卡通」。 2. 建設市民呼叫服務中心建設，擴展服務形式和覆蓋面，實現自動語音、傳真、電子郵件和人工服務等多種顧問服務方式，逐步開展生活、政策和法律法規等多方面顧問服務。 3. 開展司法行政法律扶助平臺、勞工申訴扶助平臺等專業性公共服務平臺建設，著力構建覆蓋全面、及時有效、群眾滿意的法律服務載體
推進面向企業的公共服務平臺建設	1. 繼續完善政府入口網站群、線上審核、資訊公開等公共服務平臺建設，推進「線上一站式」行政審核及其他公共行政服務，提高資訊公開水準，增強線上服務能力。 2. 深化企業服務平臺建設，加快實施勞動保障業務線上申報辦理，逐步推進銀行、稅務、海關、法院等公共服務事項線上辦理。 3. 推進中小企業共服務平臺建設，按照「政府扶持、市場化運作、企業受益」的原則，完善服務職能，創新服務手段，為企業提供個性化的客製服務，提高中小企業在產品研發、生產、銷售、物流等多個環節的工作效率。
智慧 安居服務	開展智慧社區安居的調查試點工作，在部分居民社區先行進行試點，充分考慮公共區、商務區、居住區的不同需求，融合應用物聯網、網際網路、行動網路等各種資訊技術，發展社區政務、智慧家居系統、智慧樓宇管理、智慧社區服務、社區遠端監控、安全管理、智慧商務辦公等智慧應用系統，使居民生活「智慧化發展」。

智慧教育文化服務	1. 建設完善教育城域網和校園網工程，推動智慧教育事業發展，重點建設教育綜合資訊網、網路學校、數位化教具、教學資源庫、虛擬圖書館、教學綜合管理系統、遠端教育系統等資源共享資料庫及共享應用平臺系統。 2. 繼續推進再教育工程，提供多管道的教育培訓就業服務，建設學習型社會。繼續深化「文化共享」工程建設，積極推進先進網路文化的發展，加快新聞出版、廣播影視、電子娛樂等產業資訊的進度，加強資訊資源整合，完善公共文化資訊服務體系。 3. 構建旅遊公共資服務平臺、提供更加便捷的旅遊服務，提升旅遊文化品牌。
智慧服務應用	1. 智慧物流：配合綜合物流園區資訊化建設，推廣 RFID、3D 條碼、衛星定位、貨物追蹤、電子商務等資訊技術在物流產業的應用，加快基於物聯網的物流資訊平臺及第四方物流資訊平臺建設，整合物流資源，實現物流政務服務和物流商務服務的一體化，推動資訊化、標準化、智慧化的物流企業和物流產業發展。 2. 智慧貿易：支持企業透過自建網站或第三方電子商務平臺，開展線上詢價、線上採購、線上行銷、線上支付等電子商務活動。積極推動商貿服務易、旅遊會展業、仲介服務現代服務業領域運用電子商務手段，創新服務方式，提高服務層次。結合實體市場的建立，積極推進線上電子商務平臺建設，鼓勵發展以電子商務平臺為聚合點的行業性公共資訊服務平臺，培育發展電子商務企業，重點發展集產品展示、資訊發布、交易、支付於一體的綜合電子商務企業或行業電子商務網站。 3. 建設智慧服務示範推廣基地。積極過資化深入應用，改造傳統服業經營、管理和服務模式，加快向智慧化現代服務轉型。結合服務業發展現狀，加快推進現代金融、服務外包、高階商務、現代商貿等現代服務業發展。

智慧健康保障系建設	強化推進「數位衛生」系統建設。建立衛生服務網路和都市社區衛生服務體系，構建以全市區域化衛生資訊管理為核心的資訊平臺，促進各醫療衛生單位資訊系統之間的溝通和互動。以醫院管理和電子病歷為重點，建立全市居民電子個人病歷；以實現醫院服務網路化為重點，推進遠端掛號、電子收費、數位遠端醫療服務、圖文體驗診斷系統為智慧醫療系統建設，提升醫療和健康服務水準。
智慧交通	建設「數位交通」工程，透過監控、監測、交通流量分布最佳化技術，完善警察、平面、高架等監控體系和資訊網路系統，建立以交通疏散、緊急指揮、智慧出行、計程車和公車管理系統為重點的、統一的智慧化都市交通綜合管理和服務系統建設，實現交通資訊的充分共享、公路交通狀況的即時監控及動態管理，全面提升監控程度和智慧化管理水準，確保交通運輸安全、暢通。
著力構件面向新農村建設的公共服務資訊平臺	推進「數位鄉村」建設，建立涉及農業諮詢、政策諮詢、農保服務等面向新農村的公共資訊服務平臺，協助農業、農民、農村共同發展。以農村綜合資訊服務站為載體，積極整合現有的各類資訊資源，形成多方位、多層次的農村資訊收集、傳遞、分布、發布體系，為農民工勞動就業、寄物諮詢、遠距教育、氣象發布、社會保障、醫療衛生等綜合資訊服務。
積極推進智慧安全控制系統	1. 充分利用資訊技術，完善和深化「平安都市」工程，深化對社會治安監控動態視訊系統的智慧化建設和資料探勘利用，整合警政管制與社會監控資源，建立基層社會治安綜合治理管理資訊平臺。 2. 積極推動緊急指揮系統、突發公共事件預警資訊發布系統、自然災害和防汛指揮系統、安全生產領域防範體系等智慧安全系統建設；完善公共安全緊急處置機制，實現多部門共同應對的綜合指揮，提高對各類事故、災害、疫情、案件和發事件防範和緊急處理能力。

建設資訊綜合管理平臺	1. 提升政府綜合管理資訊化水準；完善和深化政務管理化資訊工程，提高政府對土地、海關、財政、稅收等專項管理水準；強化工商、稅務、品質監控等資訊管理系統建設與整合，推進經濟管理綜合平臺建設，提高經濟管理與服務水準。 2. 加強食品、藥品、醫療器械、保健品、化妝品的電子化監管，建設動態的信用評價體系，實施數位化食品藥品安心工程。

3.2.3　重要意義

智慧都市的建設意義主要有以下幾個方面。

(1) **都市建設能夠實現資源節約、環保節能和綠色經濟**。智慧都市的理念和實踐，能促進人們消費模式和生產方式的變革和創新，推動人們的綠色消費、清潔生產，實現節能減排、低碳環保的經濟模式。

在未來的智慧產業中，透過建立一批環保新技術的研發和孵化基地，直接推廣一批低碳技術、清潔生產技術和資源循環利用技術，可以大大降低能源消耗率和汙染排放率。

並且，借助於智慧治理，可以充分挖掘利用各種潛在的資訊資源，加強監督管理高能耗、高物耗、高汙染產業，改進監測、預警的方法和控制方法，降低經濟發展對環境的負面影響，最大限度地實現經濟和環境的協調發展，合理使用水、電力、石油等資源，減少浪費，實現資源節約型、環境友好型社會和永續發展的目標，。

(2) **轉變經濟成長方式、促進經濟結構調整和產業轉型升級**。

智慧都市建設需要大量新興技術的支撐，透過這些技術的廣泛應用，提高資訊、知識、技術和腦力資源對經濟發展的貢獻率，可以轉變經濟成長方式和經濟結構，有利於推動產業結構升級，實現由勞力密集型、資本密集型向知識密集型、技術密集型轉變，從而使經濟發展更具「智慧」。

智慧都市建設對智慧產業具有關聯效應和催化效應，對於物聯網軟體，建設智慧都市需要大量的智慧基礎設施、智慧產品、智慧技術和智慧裝置，由此將形成市場大、範圍廣、關聯多、鏈條長的智慧產業鏈和產業群，並催生一大批新的智慧產業，這對智慧都市的建設有極大的促進作用。

專家提醒

以物聯網為例，由於物聯網涉及的技術是一個大集合，將帶動大規模產業鏈形成，其中包括物聯網設備與製造業、物聯網網路服務業、物聯網基礎設施服務業、物聯網軟體開發與應用 SSIS 服務業、物聯網應用服務業等。

據估計，物聯網造就的 M2M 通訊市場將驅動新一輪的 ICT 建設，成就新的兆美元市場。因此，推進智慧都市建設，能夠提高經濟的知識含量和產業的科技含量，加速經濟結構的調整和產業轉型升級。

(3) **帶動和培育策略性新興產業**。由於策略性新興產業具備掌握關鍵核心技術、廣闊的市場前景、資源消耗低、產業帶動大、就業機會多、綜合效益好等特徵，因此，策略性新興產業日漸成為轉變經濟成長方式、提高國家綜合競爭力的重大策略。

如今世界各國，尤其是各主要大國在國家層面作出策略布局和籌劃，紛紛把發展新能源、新材料、資訊網路、生物醫藥、節能環保、低碳技術、綠色經濟等作為新一輪產業發展的重點，著力推進。

智慧產業的發展，為智慧都市的建設提供基礎的技術支持和產業條件。智慧都市的建設也拉動和催化智慧技術、智慧產業的發展。在智慧產業中，很多內容就屬於策略性新興產業。因此，智慧都市建設將直接推動策略性新興產業的培育和發展。

(4) **有利於轉變政府職能，提高公共管理的效率**。相對傳統的人為行政管理和決策方法，智慧都市所提供的智慧化的都市服務方法，可大大提升公共服務部門的行政效率和決策水準，有助於實現都市政府從管理到服務、從治理到營運、從零碎分割的局部應用到協同一體的平臺服務的三大跨越。

從目前都市化、工業化的現實來看，各種社會矛盾不斷增加，都市病更加突出；交通壅塞、食品安全、醫療資源緊張、公共衛生事件、環境汙染、教育資源分配不均、就業壓力、都市安全監管難度增加等，這些問題不斷考驗著政府的服務能力和管理水準。

建設智慧都市，就是要貫徹「連接、整合、協同、創新、智慧」的智慧都市理念，借助於全面的整合的智慧技術，建立統分結合、協同運行的都市管理智慧應用系統，透過更全面的連接、更有效的交換共享、更合作的關聯應用、更深入的智慧化，促進都市的人流、物流、資訊流、交通流的協調、高效運行，使我們的都市運行更安全、更便捷、更綠色、更和諧。

資訊技術的廣泛、深入應用將為人們打造一個完全數位化的生活環境，數位化新生活將成為人們基本的生活方式。遠端影片交流、線上購物、遠端學習、電子醫療等便捷的數位化新生活將夢想成真。

3.2.4 主要技術

資訊技術應用成為都市運行不可或缺的重要方法。精準、視覺、可靠、智慧的都市運行管理網路將覆蓋所有都市要素，有效支撐都市安全、可靠運行。

智慧都市建設離不開物聯網、網路、雲端運算等技術支撐，每種技術都是一個龐大的體系，涉及眾多學科和領域。

物聯網、網路和雲端運算交融發展正在構建無所不在、人與物共享的關鍵智慧資訊基礎設施。廣泛分布的感測器、RFID 和嵌入式系統使物理實體具備了感知、運算、儲存和執行能力，不斷推動都市運行的智慧化、視覺化和精準化。

隨著都市運行管理網路延伸到社區、家庭和個人，以及與治安管理等資訊系統的深度融合，都市運行管理網路將逐漸覆蓋都市所有人和物，使感測中樞智慧調度都市要素。以物聯網為例，它涉及的技術就數不勝數，各層都離不開技術的參與，如圖 3-4 所示。

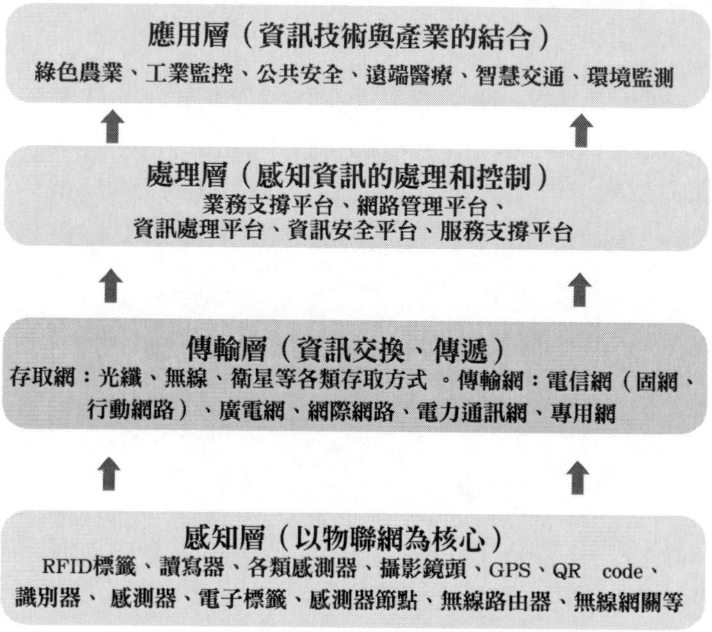

應用層（資訊技術與產業的結合）
綠色農業、工業監控、公共安全、遠端醫療、智慧交通、環境監測

處理層（感知資訊的處理和控制）
業務支撐平台、網路管理平台、
資訊處理平台、資訊安全平台、服務支撐平台

傳輸層（資訊交換、傳遞）
存取網：光纖、無線、衛星等各類存取方式 。傳輸網：電信網（固網、行動網路）、廣電網、網際網路、電力通訊網、專用網

感知層（以物聯網為核心）
RFID標籤、讀寫器、各類感測器、攝影鏡頭、GPS、QR　code、識別器、 感測器、電子標籤、感測器節點、無線路由器、無線網關等

圖 3-4　建設智慧都市的各層依賴技術

此外，智慧都市建設有利於人才要素、技術要素、資金要素向眾多智慧產業集聚。可以預計，智慧都市的建設將引發新一輪大規模的科技創新浪潮。

資訊網路基礎設施處於更新換代的重大變革期，寬頻化、三網融合不斷加速。下一代網路快速推進，網路、物聯網交融發展，雲端運算所帶來的運算資源分配更加有效。

在這個網路體系構架下，資訊基礎設施將與都市的水、電、氣、公路等設施透過感測網路緊密聯繫、融為一體，共同構成都市資訊基礎設施，全面滿足都市人與物的連結需求。

3.3 案例介紹：全球智慧都市建設

目前，智慧都市的建設理念已經在全球推廣，本節列舉了全球智慧都市建設的案例，展示現今智慧都市的發展形勢。

3.3.1 迪比克 —— 美國第一個智慧都市的建設

2009 年 9 月，美國愛荷華州迪比克市與 IBM 合作，建設美國第一座智慧都市。迪比克市是美國最為宜居的都市之一，風景秀麗，密西西比河貫穿城區。

以建設智慧都市為目標，迪比克計劃利用物聯網技術，在一個有六萬居民的社區裡將都市的所有資源（包括水、電、油、氣、交通、公共服務等）數位化，並連接起來。透過監測、分析和整合各種資料，進而智慧化地響應市民的需求，並降低都市的能耗和成本，使迪比克市更適合居住和商業發展，更好地服務市民。

迪比克市的第一步，是向所有住戶和商店安裝數位水電計量器，其中包含低流量感測器技術，防止水電泄漏造成的浪費。同時搭建綜合監測平臺，及時分析、整合和展示資料，使整個都市對資源的使用情況一目瞭然。更重要的是，迪比克市向個人和企業公布這些資訊，使他們對自己的耗能有更清晰的認識，對永續發展有更多的責任感。

3.3.2 巴塞隆納 —— 垃圾桶都已走向智慧時代

智慧都市是西班牙巴塞隆納現在最重要的專案之一，而巴塞隆納原來的紡織產業老工業區，是這一專案最重要的試驗地。

如果你在巴塞隆納馬路邊的紅綠燈上看到一個小黑盒子，那麼筆者會告訴你，這絕對不是一般的「盒子」。它可以發送訊號到附近盲人手中的接收器，並引發接收器震動，以便提醒其已臨近路口的一個裝置。

停車場地上的小凸起是停車感測器，司機只要下載一種專門應用程式，就能夠根據感測器發來的資訊獲知哪裡有空車位。巴塞隆納的標誌性景點 —— 聖家堂，是遊客雲集的地方，建立了完善的停車感測器系統，可指引各種車輛停放。

在巴塞隆納，連垃圾桶也已經走向智慧時代，在它上面安裝的感測器能夠檢測垃圾桶是否已裝滿。根據感測器傳來的資訊，垃圾收集中心可以制定一個資料庫，並以此安排垃圾車的作業路線，而不必每個垃圾桶都要查看。

除此之外，垃圾桶還安裝有一個氣味感測器，如果垃圾桶氣味超出正常標準，感測器也會發出警報提醒。這樣的話，就再也不用擔心垃圾難聞的氣味汙染周圍的環境了。

巴塞隆納的智慧都市建設專案規模都不是很大，但種類很多，其中一些是試驗性質的，已經得到了進一步的推廣和實施。

3.3.3　北歐各國 —— 智慧都市小有成就

歐洲的智慧都市更關注資訊通訊技術在都市生態環境、交通、醫療、智慧建築等民生領域的作用，希望借助知識共享和低碳策略來實現減排目標，推動都市低碳、綠色、永續發展。

早在 2007 年，歐盟就提出並開始實施一系列智慧都市建設目標。歐盟對於智慧都市的評價標準，包括智慧經濟、智慧環境、智慧治理、智慧機動性、智慧居住以及智慧人六個方面，在改善交通、促進節能減排方面有不小的成就。

瑞典首都斯德哥爾摩，曾被歐盟委員會評定為「歐洲綠色首都」。在普華永道（Price waterhouse Coopers，簡稱 PwC，是一國際會計審計專業服務網路）的智慧都市報告中，斯德哥爾摩名列第五，在分項排名中，智慧資本與創新、安全健康與安保均為第一，人口宜居程度、永續能力也是名列前茅。

該市在治理交通壅塞方面取得了卓越的成績，斯德哥爾摩市在通往市中心的道路上設定 18 個監視器，利用無線電識別、雷射掃瞄和自動拍照等技術，自動識別一切車輛。借助這些設備，該市在週一至週五 6 時 30 分至 18 時 30 分之間對進出市中心的車輛收取壅塞稅，使交通壅塞水準降低了 25%，溫室氣體排放量減少了 40%。

另外一個例子是素有「腳踏車之城」的丹麥首都哥本哈根，這個都市在綠色交通方面成績斐然。

為促使市民使用二氧化碳排放量最少的軌道交通，該市透過統籌規劃，力保市民在家門口一公里之內就能使用軌道交通，而一公里路的交通顯然還要依賴群眾基礎深厚的腳踏車。

除修建三條「腳踏車高速公路」以及沿途配備修理等服務設施外，他們還為腳踏車提供無線電識別或全球定位服務，透過訊號系統保障出行暢通。

3.3.4 韓國 —— 部署 U-Korea 發展策略

韓國政府推出了 U-Korea 發展策略，希望把韓國建設成智慧社會。U 是英文單詞 Ubiquitous 的簡寫，Ubiquitous 即「無所不在」。這個發展策略以無線感測器為基礎，把韓國的資源數位化、網路化、視覺化、智慧化，從而促進韓國的經濟發展和社會變革。這個國家級總體策略具體透過建設 U-City 來實現，如圖 3-5 所示。

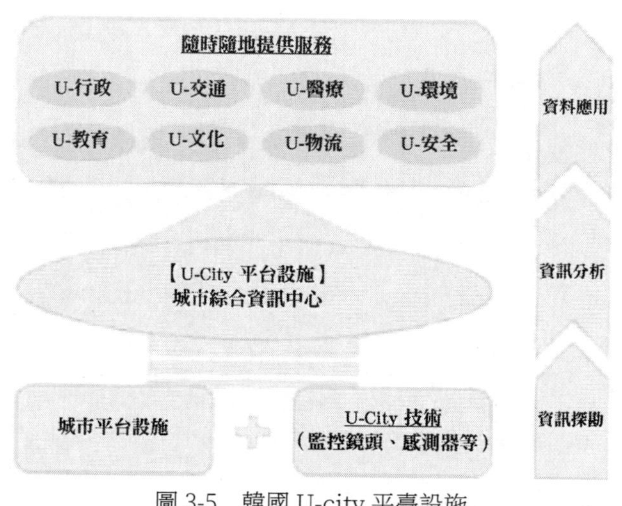

圖 3-5　韓國 U-city 平臺設施

U-City 計劃從都市設施管理、交通、安全等方面來改變韓國人民的生活。例如，首爾利用紅外攝影機和無線感測網路，在監測火災時，可以突破人類視野限制，提高火災監測自動化水準；「U-環境系統」可以自動向市民手機發送是否適宜戶外運動的提示，還可以讓市民即時查詢氣象、交通等方面的資訊。

首爾發布了「智慧首爾」計畫，向世界展示了該市建設智慧都市的雄心。例如，首爾提出，發放證書、繳納稅金等，現在由政府機關和網站負責的行政服務，按階段向使用手機的方式擴展。如今，市民已可使用智慧型手機、平板電腦實現 81 項首爾市行政服務。

韓國松島被很多人視為全球智慧都市的模板。這座嶄新的智慧都市位於首爾以西約 65 公里遠的一處人工島嶼上，占地 6 平方公里，該專案共投資 350 億美元。由於松島的資訊系統緊密相連，因此評論人士也把它稱為「盒子裡的都市」。

例如，在松島，電梯只在有人乘坐時才會啟動，而在各家各戶，遠端設備像洗碗機一樣普遍。松島全市住戶達 6.5 萬人，在該市就業的人數達 30 萬。

韓國以網路為基礎，打造綠色、數位化、無縫行動連接的生態型、智慧型都市。透過整合公共通訊平臺以及無處不在的網路存取，消費者可以方便地開展遠端教育、醫療、辦理稅務，還能實現家庭建築能耗的智慧化監控等。

3.3.5 新加坡 —— 建設以資訊通訊驅動的智慧化國度

智慧都市發展的基石是完善的資訊通訊基礎設施。自推出資訊通訊發展藍圖「智慧國」規劃以來，新加坡就一直在努力建設以資訊通訊驅動的智慧化國度和全球化都市。透過物聯網等新一代資訊技術的積極應用，新加坡將建設成為經濟、社會發展一流的國際化都市。

在電子政務、服務民生及無所不在連接方面，新加坡成績引人注目。其中智慧交通系統透過各種感測資料、營運資訊及豐富的使用者體驗，為市民出行提供即時、適當的交通資訊，並得以成為全球資訊通訊業最為發達的國家之一，提升了各個公共與經濟領域的生產力和效率。

新加坡新一代寬頻網路已經實現 95% 的覆蓋率，使用者超過 25 萬。家庭使用者和企業使用者可以訂閱由 17 家電信業者提供的多種光纖寬頻網路存取服務方案。全島部署了 7500 多個無線網路公共熱點，相當於每平方公里有 10 個公共熱點，訪問速度高達 1Mbps，目前使用者人數超過 210 萬。

新加坡建立起了一個「以市民為中心」，市民、企業、政府合作的「電子政府」體系，讓市民和企業能隨時隨地參與到各項政府機構事務中。目前，新加坡的市民和企業可以全天候訪問 1600 多項政府線上服務及 300 多項行動服務，這為新加坡人的衣食住行和企業的商業運作帶來了極大的便利。

3.3.6　里約熱內盧 —— 採用難以想像的都市管控模式

在距離巴西科帕卡巴納海灘（Copacabana Beach）不遠的地方，有一間布局和設施都很像美國國家航空暨太空總署（NASA）指揮中心的控制室。

裡面有身穿白色套裝的市政機構管理人員，坐在控制室內巨大的螢幕牆前靜靜地工作著。螢幕上顯示著里約熱內盧都市動態監控影片，包括各個地鐵站、主要路口的交通狀況，透過複雜的天氣預測系統預報出都市未來幾天的降雨情況、交通事故處理狀況，以及其他都市問題的處理、進展狀況等。採用了以往難以想像的都市管控模式的里約熱內盧，可能成為今後全球各大都市進行營運、管控時效仿的樣板。

這間控制室所在的大樓正是里約熱內盧市政營運中心大樓，其管控營運系統是由 IBM 公司應里約熱內盧市長的請求專門設計的。此前，IBM 曾在其他地方為警察局等單一政府職能部門建立過類似的資料中心管理營運系統，但從未開發過整合了 30 多個都市管理部門資料的統一都市營運管理系統。此次里約熱內盧市的實踐，標誌著 IBM 正在深入拓展這項有著巨大市場規模的業務領域，它也成為 IBM、Cisco 等科技公司開拓這一智慧都市營運市場的成功案例。

里約熱內盧都市地理環境複雜，綿延於山脈和大西洋之間，都市遍布著別墅、民居、研發中心和建築工地。石油開採業巨頭紛紛到這裡建立研發中心，準備開發豐富的海上油氣田資源。

在里約熱內盧，自然和人為災難時有發生，頻發的暴雨常會造成山體滑坡，導致人員傷亡。2011 年，這裡發生了一起歷史上最嚴重的遊覽電車出軌事故，致使 5 人遇難。此外，貧富差距懸殊也在困擾著這座都市。

建設里約熱內盧市政營運中心系統，對於 IBM 公司而言也是一個非常大的挑戰。不過，對於致力於拓展地方政府業務的 IBM 來說，里約熱內盧複雜的狀況恰好提供了一個大展身手的契機——將環境如此複雜的里約熱內盧打造為一個營運、管控更加智慧化的都市，其經驗對於全球其他都市的管理都將很有借鑒意義。

都市管理部門一旦掌握資訊、理解資訊，並且知道如何利用資訊，實現智慧都市管理的目標就已經完成一半了。

儘管過去 IBM 曾為馬德里和紐約市開發了犯罪管控中心，為斯德哥爾摩開發了交通壅塞費管理等系統，但為里約熱內盧整個都市建立一個整合系統仍是一項十分艱巨的任務。IBM 面臨的挑戰是，作為總承包商，除了負責具體實施工作以外，還要管理專案中其他供應商提供的設施，例如管理當地公司承接的建築和電信工程、管理 Cisco 提供的網路基礎設施和電視會議系統，管理 Samsung 公司提供的螢幕等。IBM 負責人說：「IBM 作為主整合商，必須全面協調專案實施中的每一項工作。」

此外，IBM 還安裝了整合的虛擬操作平臺。這是一個基於 Web 的資訊互動平臺，用以整合透過電話、無線網路、電子郵件和文字資訊發來的資訊。

例如，市政管理員工在登入平臺後，可在事件現場及時輸入資訊，同時可查看派出了多少輛救護車等資訊。他們還可以分析歷史資訊，確定諸如汽車容易發生事故的地點等。

IBM 還將把為里約熱內盧都市製作的洪水預測系統也整合到都市營運中心系統中。

據里約熱內盧市長介紹，該市政營運中心這個專案的投資大約 1400 萬美元。里約熱內盧已成為基於資料對都市進行營運、管理的典範。

1．巴西狂歡節

二月，在巴西狂歡節的一天，IBM 負責人站在里約熱內盧市政營運中心內，仔細察看著整合都市營運系統運行狀態，其感嘆：「我在全球其他都市單體職能部門，見過比這裡還好的資訊基礎設施，但里約熱內盧市政營運中心系統的整合程度之高是前所未有的。」

在狂歡節準備工作上，這個都市面臨的最大挑戰是街道的通行能力。據市政祕書長介紹，狂歡節期間的 4 個週末，在 350 個不同的地點大約要舉行 425 場森巴舞遊行表演，幾百萬人參加活動。

利用營運中心，市政機構現在可以協調 18 個不同部門同步計劃。這些部門可以共同分配街道的表演時段並設計遊行路線，同時制定安全保障、街道清理、人群控制及滿足其他都市管理需求的計畫。

2．貧民區的警報器

自從幾年前里約熱內盧貧民區附近的山體滑坡後，政府在 66 個貧民區都安裝了警報器，以無線方式連接到市政營運中心。同時，市政中心開展了大量演習，志願者在演習中幫助疏散居民。

這樣一來，在真正發生山洪的情況下，營運中心可以決定何時發布何種警報。這一決定是由都市營運中心系統來下達的——透過超級電腦、系統模型、演算法運算來預測一平方公里內的降雨量，運算結果比標準氣象系統準確得多。當系統預測出強降雨時，營運中心向不同部門發送相應預警資訊，各部門便作出應對準備。

3.3.7 香港——打造各方各面的智慧生活

在智慧都市的建設過程中，香港有了不少成功的案例。這些案例可以幫助我們更加透徹地瞭解香港建設智慧都市的經驗，同時也帶給我們一些啟發和思考。

1．八達通

「八達通（Octopus）」是香港著名的電子收費系統，也是香港的一張名片。大眾可以用它搭乘各種交通工具並進行小額交易，一些場所，它甚至可以當作通行卡使用。

「八達通」於 1997 年推出，最初只是設計用於搭車付費，這一點有點類似悠遊卡；直到 1999 年，八達通業務才擴展到零售服務業；在 2003 至 2004 年，八達通正式融入了香港政府的收費系統中，人們可以利用八達通繳停車費、支付政府公共設施使用費等；2013 年，八達通宣布正在與網路供應商商討合作，計劃推出帶有八達通功能的 SIM 卡，透過行動電話提供電子交易服務。未來八達通將用於線上購物。

到目前為止，市場上的八達通卡和八達通類產品銷售量大約為 2500 萬張，每天交易次數超過 1000 萬宗，日平均交易額高達 293 億港幣。

目前，接受八達通付款的商戶超過 2000 家，它們擁有超過 50000 個八達通讀寫器，年齡在 16 ～ 65 歲的香港市民有超過 95% 都在使用八達通。

2．醫健通

醫健通是香港政府諸多電子健康紀錄合作計畫中的一個計畫，主要用於運作醫療券計畫及資助計畫，包括長者醫療券計畫和兒童流感疫苗資助計畫，但這只是香港政府電子健康紀錄的一部分。

實施電子健康紀錄同步的好處是顯而易見的。對於病人，電子健康紀錄可以提供完整的健康紀錄。看病時可以幫助醫師作出更全面的醫療決策，減少重複查驗和治療，既節省了醫療花費，又提高了醫療效率。

對於醫師而言，可以掌握全面的資訊，提高工作效率，減少手寫病歷帶來的誤讀和失誤。對於社會公共衛生部門，電子病歷可以讓他們及時掌握大眾公共衛生安全狀況，有利於對突發公共衛生安全事件作出快速準確的反應。

3．無線電識別系統

香港機場安裝了無線電識別行李確認及管理系統。該系統可以高效準確地分揀行李，大大提高了機場員工的工作效率和旅客體驗。

香港國際機場是世界上率先採用無線電識別（RFID）行李分揀系統的機場。與傳統的行李分揀系統相比，這種先進的行李分揀系統最大的不同在於，該系統的行李標籤裡有一個識別晶片。晶片中記載了有關該行李的簡單資訊，例如行李主人姓名、航班號等。

分揀時這些資訊就會被分揀系統自動讀取，從而快速分揀行李。新技術還允許行李識別系統以非直線的角度快速確定行李的資訊，識別率高達 97% ～ 100%。而傳統條碼識別系統只能以直線角度在視線內識別，且識別率僅為 80%。因此，新技術有力地保障了行李分揀的準確度。

第 4 章
智慧時代，物聯網應用於工業、農業

學前提示

物聯網的作用範圍非常廣泛，在工業、農業領域已有非常多的應用。物聯網為工業、農業的發展帶來機遇，使它們的生產操作更為便捷。在工業方面，物聯網結合先進的製造技術，形成智慧製造體系；在農業方面，人們可以直接透過電腦或手機智慧控制農作物的生長環境等。

要點展示

- 先行瞭解：智慧工業、智慧農業基礎概況
- 全面分析：物聯網應用於工業與農業領域
- 案例介紹：智慧工業、智慧農業的典型表現

4.1　先行瞭解：智慧工業、智慧農業基礎概況

隨著科技的不斷進步，以及各國對物聯網發展和應用的高度重視，物聯網的應用現在已經涉及人們生活的方方面面。

例如，智慧工業、智慧農業、智慧電網、智慧交通等，資訊化時代，物聯網無處不在。本章我們就先從智慧工業和智慧農業談起。

4.1.1　認識智慧工業與智慧農業的概念

首先我們來認識一下智慧工業與智慧農業的概念。

1．智慧工業的概念

工業一直都是社會經濟的一大主體，人類歷史上的第一次工業

革命發生在 18 世紀。英國人瓦特發明了蒸汽機，開創了以機器代替手工工具的時代，人類也因此進入工業時代。

第二次工業革命在 1870 年以後，當時科學技術的發展突飛猛進，各種新發明和技術層出不窮。這些發明和技術被快速應用於工業生產，大大促進了經濟的發展。

第二次工業革命讓世界由「蒸汽時代」進入「電氣時代」，工業重心由輕紡工業轉為重工業，出現了電氣、化學、石油等新興工業部門。其科學技術的突出發展主要表現在 4 個方面，分別是電力的廣泛應用、內燃機和新交通工具的創製、新通訊方法的發明以及化學工業的建立，如表 4-1 所示。

表 4-1　第二次工業革命中誕生的重要發明

<table>
<tr><th>類別</th><th>年代</th><th>內容</th><th>國別</th></tr>
<tr><td rowspan="3">電力</td><td>1866 年</td><td>西門子製成發電機</td><td>德國</td></tr>
<tr><td>1970 年代</td><td colspan="2">電力成為新能源</td></tr>
<tr><td>1980 年代</td><td colspan="2">電燈、電車、放映機相繼問世</td></tr>
<tr><td rowspan="4">內燃機
交通工具</td><td>1970、80 年代</td><td>汽油內燃機</td><td>德國</td></tr>
<tr><td>1980 年代</td><td>賓士製成汽車</td><td>德國</td></tr>
<tr><td>1990 年代</td><td>迪塞兒製成柴油機</td><td>德國</td></tr>
<tr><td>1903 年</td><td>飛機試飛成功</td><td>美國</td></tr>
<tr><td rowspan="3">通訊方式</td><td>1940 年代</td><td>有線電報</td><td>美國</td></tr>
<tr><td>1970 年代</td><td>貝爾發明有線電話</td><td>美國</td></tr>
<tr><td>1990 年代</td><td>馬可尼發明無線電話</td><td>義大利</td></tr>
<tr><td rowspan="2">化學工業</td><td>1920 年</td><td>石油化工工業產生</td><td>美國</td></tr>
<tr><td>1867 年</td><td>諾貝爾發明炸藥</td><td>瑞典</td></tr>
</table>

進入 21 世紀以後，隨著科技的進步，以及物聯網的發展，智慧化成為科技發展的趨勢。工業一直都是推動社會進步的原動力，其科技的發展也必然會朝著智慧化的方向發展，「智慧工業」必將成為工業發展史上的「第三次工業革命」，它的發生就在我們的生活中，其核心是「製造業數位化」。那麼，究竟什麼是「智慧工業」呢？

智慧工業其實就是將具有環境感知能力的各類裝置、基於無所不在技術的運算模式、行動通訊等不斷融入工業生產的各個環節，基於物聯網技術的滲透和應用，與未來先進製造技術結合，大幅提高製造效率，改善產品品質，降低產品成本和資源消耗，將傳統工業提升到智慧化的新階段，並形成新的智慧化的製造體系。

物聯網是資訊通訊技術發展的新一輪制高點，正在工業領域廣泛滲透和應用，新的智慧化的製造體系仍在不斷發展和完善之中。

2．智慧農業的概念

農業是國民經濟中一個重要的產業部門，它是培育動植物生產食品及工業原料的產業。農業的系統組成部分包括種植業、漁業、林業、牧業以及副業等。而智慧農業是近幾年來隨著物聯網技術的不斷發展，衍生出的新型農業形式，它是傳統農業的轉型。

傳統農業中，農民全靠經驗來為作物澆水、施肥、灑藥，若一不小心判斷錯誤，可能會直接導致顆粒無收。

但是如今，智慧農業的設施會用精確的資料告訴農民作物的澆水量，施肥、噴藥的精確濃度，需要供給的溫度、光照、二氧化碳濃度等資訊。所有作物在不同生長週期曾依靠感覺和經驗處理的問題，都由資訊化智慧監控系統即時定量精確把關，農民只需按個開關，做個選擇，就能種好菜、養好花、獲得好收成。

那麼以上的這些是靠什麼做到的呢？這就需要用到智慧農業依賴的物聯網技術了。其實，智慧農業便是將大量的感測器節點構成監控網路，透過各種感測器擷取資訊，以幫助農民及時發現問題，並且準確確定發生問題的位置，這樣農業將逐漸地從以人力為中心、依賴於孤立機械的生產模式轉向以資訊和軟體為中心的生產模式，從而大量使用各種自動化、智慧化、遠端控制的生產設備。

智慧農業透過物聯網技術，可以即時擷取棚內的溫濕度、二氧化碳濃度、光照強度等環境參數。

將收集的參數和資訊數位化後，即時傳入網路平臺彙總整合，再根據農產品生長的各項指標要求，進行定時、定量、定位的運算處理，從而使特定的農業設備及時、精確地自動開啟或者關閉。例如遠端控制節水灌溉、節能增氧、捲簾開關等，以保障農作物的良好生長。

透過模組擷取溫度感測器等訊號，經由無線訊號收發模組傳輸資料，實現對溫室溫濕度的遠端控制，如圖 4-1 所示。

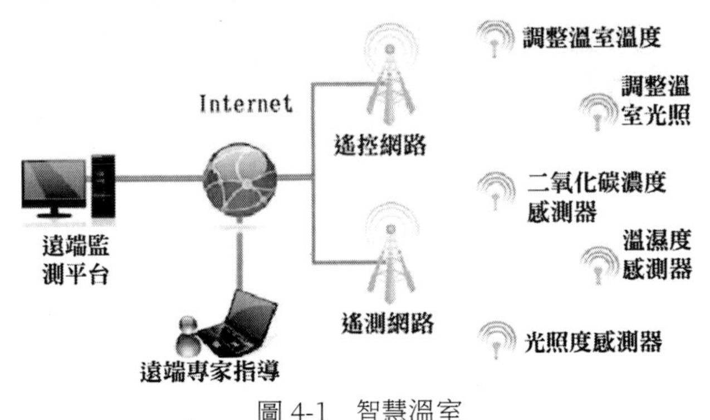

圖 4-1　智慧溫室

智慧農業能對氣候、土壤、水質等環境資料分析研判，並規劃園區分布、合理選配農產品品種，科學指導生態輪作。其基本含義是根據作物生長的土壤性狀，調節對作物的投入，它主要包含以下兩個方面的內容。

- 一方面確定農作物的生產目標，進行定位的「系統診斷、改良配方、技術組裝、科學管理」。
- 另一方面查清田塊內部的土壤性狀與生產力空間變異。

透過這兩個方面來調動土壤生產力，以最少、最節省的投入達到最高的收入，並改善環境，高效地利用各類農業資源，取得經濟效益和環境效益。總而言之，就是以最少的成本獲得最多的收成。

智慧農業還包括智慧糧庫系統，該系統透過將糧庫內溫濕度變化的感知與電腦或手機的連接進行即時觀察，記錄現場情況以保證糧庫的溫濕度平衡。

專家提醒

> 智慧農業絕不單是對農作物生長過程中的技術運用，它是一個完整的系統。它包括三大系統：專家智慧系統、農業生產物聯控制系統和系統農產品安全溯源系統。在這三大系統中，利用網路平臺技術和雲端運算等方法，最終達到在農業生產中的資訊數位化、生產自動化、管理智慧化的目的。

智慧農業透過在生產加工環節，給農產品自身或貨運包裝中加裝 RFID 電子標籤，以及在倉儲、運輸、銷售等環節中不斷地更新並添加相關資訊，從而構造了系統農產品的安全溯源系統。

系統農產品的安全溯源系統加強了農業從生產、加工、運輸到銷售等全流程的資料共享與透明管理，實現了農產品全流程可追溯，提高了農業生產的管理效率，促進了農產品的品牌建設，提升了農產品的附加價值。

4.1.2 瞭解智慧工業與智慧農業的特點

接下來我們來瞭解一下智慧工業與智慧農業的特點。

1．智慧工業的特點

工業的涵蓋範圍很廣，這也是為什麼物聯網在工業上的運用遠多於其他產業的緣故。如表 4-2 所示，為工業的分類。

表 4-2 工業的分類

重工業	採掘工業	對自然資源的開採，包括石油開採、煤炭開採、金屬礦開採、非金屬礦開採和木材採伐等工業。
	原材料工業	向國民經濟各部門提供基本材料、動力和燃料的工業。包括金屬冶煉及加工、煉焦及焦炭、化學、化工原料、水泥、人造板以及電力、石油和煤炭加工等工業。
	加工工業	對工業原材料進行再加工製造的工業。包括裝備國民經濟各部門的機械設備製造工業、金屬結構、水泥製品以及為農業提供的化肥、農藥等工業。

輕工業	以農產品為原料的輕工業	直接或間接以農產品為基本原料的輕工業。主要包括食品製造、飲料製造、菸草加工、紡織、縫紉、皮革和毛皮製作、造紙以及印刷等工業。
	以非農產品為原料的輕工業	以工業品為原料的輕工業。主要包括文教體育用品、化學藥品製造、合成纖維製造、日用化學製品、日用玻璃製品、日用金屬製品、手工工具製造、醫療機械製造、文化和辦公用機械製造等工業。

智慧工業包含兩方面的內容，分別是智慧製造技術和智慧製造系統。智慧製造模式突出了知識在製造產業中的價值地位，所以智慧製造將會成為影響未來經濟發展過程的重要生產模式，智慧製造系統的特點如下。

(1) **自律能力**：即產品有蒐集與理解自身資訊和環境資訊，並分析判斷和規劃自身行為的能力。

具有自律能力的設備在一定程度上表現出獨立性、自主性和個性，甚至相互間還能協調運作與競爭，強有力的知識庫和基於知識的模型是自律能力的基礎。

(2) **自組織與超柔性**：智慧製造系統中的各組成單位能夠依據工作任務的需要，自行組成一種最佳結構。其柔性不僅表現在運行方式上，而且表現在結構形式上，所以稱這種柔性為超柔性，如同一群人類專家組成的群體，具有生物特徵。

(3) **人機一體化**：智慧製造產品是人機一體化的智慧系統，是一種混合智慧。人機一體化一方面突出了人在製造系統中的核心地位，同時在智慧機器的配合下，更好地發揮出人的潛能，使人機之間表現出一種平等共事、相互「理解」和合作的關係，使二者在不同的層次上各顯其能，相輔相成。

(4) **虛擬實境技術**：虛擬實境技術是以電腦為基礎，融合訊號處理、智慧推理、動畫技術、預測、模擬和多媒體技術為一體，借助各種音像和感測裝置，虛擬展示現實生活中的各種過程、物件等。

虛擬實境技術能模擬現實世界物品的製造過程和未來的產品，從感官上使人獲得完全如同真實的感受。其特點是可以按照人們的意願任意變化，這種人機結合的新一代智慧介面，是智慧製造的一個顯著特徵。

(5) **學習能力與自我維護能力**：智慧製造系統能夠在實踐中不斷地充實知識庫，具有自學習功能。同時，在運行過程中能自行診斷故障，並具備對故障的自行排除、自行維護的能力。這種特徵使智慧製造系統能夠自我優化並適應各種複雜的環境。

在複雜智慧製造成套設備方面，產業最明顯的特點是整體化的設計、多系統協同與高度整合化。全面應用關鍵智慧基礎共性技術、測控裝置和部件，透過整體整合技術來完成感知、決策、執行一體化的工作，並根據在不同產業內的應用而體現巨大的差異化特性。

可以看出，智慧製造產品的智慧化主要體現在全自動運行管理、系統自檢、複雜工況處理、控制系統的適應能力等很多方面。透過採用電腦、通訊網路和各種高效、可靠的監控、控制、檢測裝備，配合自主研發的電腦軟體，實現整套系統的智慧化控制。

透過採用機器視覺技術實現對複雜工況的感知、判斷與處理決策，具有故障自檢測功能，出現故障時能夠及時發出警報並保護設備處於安全狀態。控制系統具有自適應功能，能適應上游生產線輸送過來的多種規格產品。

而且智慧製造技術能根據不同獨立單位的功能，依據不同使用者的需求進行靈活多變的組合，滿足不同的生產需求。從設計上把系統的各個功能單位進行規劃，綜合各種使用條件下的功能分布情況，按最佳化性能指標進行功能劃分、整合，創建各功能獨立存在方式及介面方式，進行模組化設計。

(6) **高協同性**：智慧製造成套裝備還具有高協同性，主要體現在兩個層面，一是產品的協同性，每一套產品都是根據客戶的特性、需求等特點、不同的上游生產設施以及相關環境資源的影響進行配置、設計、生產，從而達成客戶整體生產系統的協同性運作。一是資料的協同性，透過產品的上位機軟體能完美地整合到工廠的 ERP 系統中，實現工廠產品資料的統一管理，並透過對工廠產品資料的處理實現資料的二次開發，能及時發現生產的異常情況。

透過自檢測系統的警報、現場生產管理人員的監測、公司技術人員透過網路對系統實施遠端診斷、技術人員現場維護等多種方式保障設備的正常運轉，配合系統本身的高穩定性、高可靠性共同實現對客戶系統的運行穩定性保障。

2 · 智慧農業的特點

物聯網在農業領域中有著廣泛的應用。從農產品生產的不同階段來看，無論是從種植的培育階段還是收穫階段，都可以用物聯網的技術來提高工作效率和精細管理，如表 4-3 所示。

表 4-3 物聯網技術在農作物生長中的運用

作物生長階段	運用簡介
種植準備階段	可在溫室裡面布置很多感測器，透過分析即時的土壤資訊來選擇合適的農作物。
種植和培育階段	可用物聯網的技術手段採集溫度、濕度資訊，進行高效的管理，從而應對環境的變化
農產品收穫階段	可利用物聯網的資訊，將系統傳輸階段、使用階段的各種性能進行採勘，回饋到前端，從而在農作物種植收階段進行更精準的測算。

有了物聯網技術的加入，可大大提高農作物的種植效率，節省人工。如果是幾千畝的農場，要對各溫室澆水、施肥、手工加溫、手工捲簾，那就需要用大量的時間和人員來操作。但如果應用了物聯網技術，只需用滑鼠操控系統，前後不過幾秒，就能完成繁瑣的人工操作了，如圖 4-2 所示。

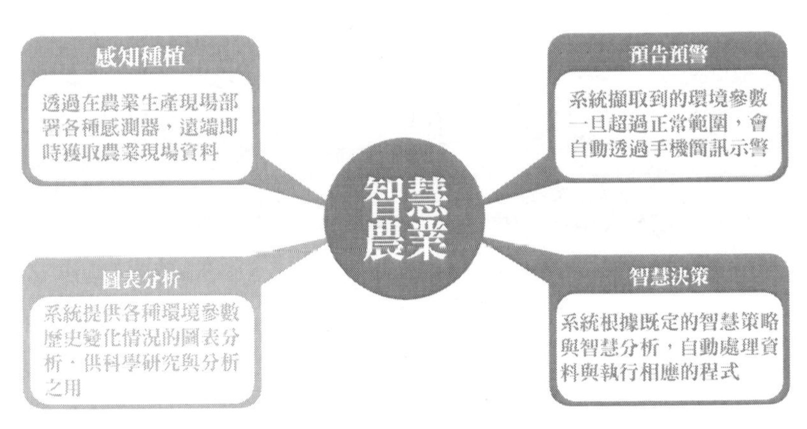

圖 4-2 智慧農業功能

具體來說，農業物聯網智慧測控系統具有以下技術特點。

(1) **監控功能系統**：根據無線網路獲取植物生長環境資訊，例如監測土壤水分、土壤溫度、空氣溫度、空氣濕度、光照強度、植物養分含量等參數。

其中，資訊收集功能負責接收無線感測匯聚節點發來的資料、儲存、顯示和資料管理，實現所有基地測試點資訊的獲取、管理、動態顯示和分析處理，以直觀的圖表和曲線的方式顯示給使用者，並根據以上各類資訊的回饋對農業園區進行自動灌溉、自動降溫、自動捲模、自動進行液體肥料施肥、自動噴藥等自動控制。

(2) **監測功能系統**：在農業園區內實現自動資訊檢測與控制，透過配備無線感測節，可實現所有基地測試點資訊的獲取、管理、動態顯示和分析處理，以直觀的圖表和曲線的方式顯示給使用者，並根據種植作物的需求提供各種聲光警報資訊和簡訊示警資訊。

(3) **即時圖像與視訊監控功能**：農業物聯網的基本概念是實現作物與環境、土壤及肥力間的物物相聯的關係網路，透過多維資訊與多層次處理實現農作物的最佳生長環境調理及施肥管理。

但是作為管理農業生產的人員而言，僅僅透過數值化的物物相聯，並不能完全營造作物最佳生長條件。影片與圖像監控為物與物之間的關聯，提供的只是直觀的表達方式。例如哪塊地缺水了，從物聯網單層資料上僅僅能看到水分資料偏低；應該灌溉到什麼程度，也不能僅僅根據資料決策。因為農業生產環境的不均勻性，決定了農業資訊獲取上的先天性弊端，對此很難從單純的技術方法上進行突破，這也是目前物聯網智慧農業存在的一大缺陷。

專家提醒

視訊監控的引用，直觀地反映了農作物生產的即時狀態。引入影片與圖像處理，既可直觀反映一些作物的生長趨勢，也可以側面反映出作物生長的整體狀態及營養水準。可以從整體上給農戶提供更加科學的種植決策理論依據。

4.2　全面分析：物聯網應用於工業與農業領域

物聯網技術在工業與農業領域的應用前景廣闊，但要想讓物聯網技術更廣泛服務於工業與農業，加速產業與物聯網的融合，就必須加速物聯網在感測、傳輸和分析應用方面的技術突破。

4.2.1　具體應用

物聯網在工業與農業領域的應用已經非常廣泛，下面我們分別來介紹一下。

1．物聯網在工業領域的應用

智慧工業可歸納為生產過程控制、生產環境監測、製造供應鏈追蹤、產品生命週期監測、促進安全生產和節能減排六大市場。

而從現今技術發展和應用前景來看，物聯網在工業領域的應用主要集中在以下幾個方面：裝備製造業供應鏈管理、生產過程工藝升級、產品設備智慧測控和管理、環保監測及能源管理、工業安全生產管理以食品安全追溯體系，如表 4-4 所示。

表 4-4　物聯網在工業領域中的應用

應用	說明
裝備製造業供應鏈管理	物聯網在企業原材料採購、庫存、銷售等領域，透過完善和改良供應鏈管理體系，提高了供應鏈效率，降低了成本。 例如：借助射頻識別等物聯網技術實現對裝備產品的數位化物流管理，推動上下游合作廠商，共同應用先進物流管理技術，建設一個相互支持的現代物流群，提高整個供應鏈的協調性，實現現代物流與裝備製造的聯動發展。
生產過程工藝改良	物聯網技術的應用提高了生產線過程檢測、即時參數採集、生產設備監控、材料消耗監測的能力和水準。生產過程的智慧監控、智慧控制、智慧診斷、智慧決策智慧維護水準不斷提高。 例如：鋼鐵企業應用各種感測器和通訊網路，在生產過程中實現對加工產品的寬度、厚度、溫度的即時監控，從而提高了產品品質，改良了生產流程。
產品設備智慧測控管理	各種感測技術與製造技術融合，實現了對產品設備操作使用紀錄、設備故障診斷的遠程監控。 例如：將物聯網技術推廣應用到石油勘探、開採、運輸等環節，建立油井生產智慧遠端監控系統，實現對石化生產設備的智慧測控和管理，促進化工企業的安全生產和科學管理。

環保監測及能源管理	物聯網與環保設備的融合，實現了對工業生產過程中產生的各種汙染源及汙染治理的即時監控。 電信業者們已開始推廣基於物聯網的污染治理即時監測解決方案。例如：在化工、輕工等部分高汙染產業，支持其智慧排汙監控系統的建立與完善，實現智慧排汙自動監控裝置、水質數據監控裝置、水質參數檢測儀等設備的整合應用，對重點排汙監控企業實行即時 監測、自動示警，遠端關閉排汙口，防止突發性環境汙染事故的發生。
工業安全生產管理	把感應器嵌入和裝備到礦山設備、油氣管道、礦工設備中，可以感知危險環境中工作人員、設備機器、周邊環境等方面的安全狀態資訊，將現有分散、獨立、單一的網路監管平臺提升為系統、開放、多元的綜合網路監管平臺，實現即時感知、準確辨識、快速回應、有效控制。 例如：重點應用感測器、無線射頻識別、行動通訊等技術實現水、火、頂板、瓦斯等煤礦重大危險源的識別與監測，建設和完善安全監測網路系統，提升煤礦安全生產過程的監控和緊急回應水準。
食品安全追溯體系	發揮物聯網在貨物追蹤、識別、查詢、資訊等方面的作用，推進物聯網技術在農業養殖、收購、屠宰、加工、運輸、銷售等各個環節的應用，實現對食品生產全過程關鍵資訊的採集和管理，保障食品安全追溯，實現對問題產品的準確召回。

物聯網的產業鏈就是「設備、連接、管理」，它跟工業自動化的三層架構是互相呼應的。

在物聯網的環境中，每一層次原來的傳統功能都在大幅進化。在設備層達到所謂的全面感知，就是讓原本的物件提升為智慧物件，可以識別或擷取各種資料。在連接層則是要達到可靠傳遞，除了原有的有線網路外更擴展到各種無線網路。在管理層則是要將原有的管理功能進步到智慧處理，對擷取到的各種資料做更具智慧的處理與呈現。

工業領域產業眾多，推進物聯網應用必須堅持以業務驅動為主，看準工業領域關鍵環節的切入點。

現今，可在部分需求迫切、技術成熟、效益明顯、帶動性強的工業領域，圍繞關鍵環節開展物聯網的應用試點，催生和推進智慧工業的發展。

2 · 物聯網在農業領域的應用

物聯網技術在農業中的應用，既能改變粗放的農業經營管理方式，也能提高動植物疫情疫病防控能力，確保農產品品質安全，引領現代農業發展。

傳統農業的模式已經遠不能適應農業永續發展的需求。產品品質問題，資源嚴重不足且普遍浪費，環境汙染，產品種類需求多樣化等諸多問題，使傳統農業的發展陷入惡性循環，而智慧農業則為現代農業的發展提供了一條光明之路。智慧農業以高科技技術和科學管理換取對資源的最大節約，如表 4-5 所示。

表 4-5 物聯網在農業領域中的應用

應用領域	簡介
農副食品安全	加強對農副產品從生產到流通的監管，將食品的安全隱患降到最低。建立「養殖—屠宰—加工—交易—流通—消費」完整的產業鏈全程資訊追蹤與溯源體系，實現資訊匯集，構建「全網路，全過程」的食品安全協同監管，對食品安全時間進行快速、準確的處理。
農業資訊推播	努力解決資訊過時或資訊不對稱等問題，讓人們能夠及時得到有用可靠的資訊，例如天氣預報資訊、施肥建議資訊、病蟲害防治資訊等。
智慧化種植教育	透過在農業大田或溫室大棚裡安裝生態資源無線感測器和其他智慧控制系統，可對整個作物生長的各種資訊進行即時監測，從而及時掌握作物的生長資訊，及時調整溫度等各種參數，確保給農作物提供最好的生長環境。
水產養殖環境監測	及時對水中的溶氧量、水溫、水的 pH 值等參數進行自動監測和控制，提高水產養殖的自動化和智慧化程度。可以加快水產生長速度，提高飼料的利用率，保證水產養殖的安全。
節水灌溉	水是農業中不可缺少的因素，物聯網技術無線感測網具有即時性及靈活布設等特點。可被應用於各灌溉區域即時監控，從而最大效率的利用水量。

智慧農業能夠克服傳統農業控制系統的多線路鋪設、工程量大、線路複雜、成本高等缺點，採用多區劃調控管理、分散式管理，各區獨立智慧化總線定址控制，具有系統鋪設簡單、精確度高、可控區域廣等特點。

所以，智慧農業取代傳統農業是農業發展的必然趨勢。智慧農業不但可以最大限度地提高農業生產力，且是實現優質、高產、低耗、環保的永續發展農業的有效途徑。

運用物聯網技術實現農業生產和管理的自動化，是農業現代化的重要標誌之一。近年來，電子資訊技術的飛速發展，帶來了溫室控制與管理技術的一場革命，在農業生產、園藝生產、動植物養殖等方面有了廣泛的運用，對於農業生產的增產有巨大的推動作用。

4.2.2　技術概況

智慧工業和智慧農業的實現需要眾多物聯網技術的支持，下面我們分別介紹物聯網技術在這兩個產業的具體應用。

1．智慧工業中的物聯網技術

物聯網與未來先進製造技術相結合，形成智慧化的製造體系，主要體現在以下 8 個領域。

(1)**「無所不在」製造資訊處理技術**：在現代工業生產尤其是自動化生產過程中，要用各種感測器來監視和控制生產過程中的各個參數，使設備處在正常或最佳工作狀態，並使產品達到最好的品質。所以建立以「無所不在」資訊處理為基礎的新型製造模式，是提升製造產業整體實力和水準的必由之路。

(2)**虛擬實境技術**：採用真 3D 顯示與人機自然互動的方式進行工業生產，進一步提高製造業的效率。虛擬環境已經在許多重大工程領域得到了廣泛的應用和研究。將來，虛擬實境技術的發展方向是 3D 數位產品設計、數位產品生產過程模擬、真 3D 顯示和裝配維修等。

(3)「**無所不在」感知網路技術**：建立服務於智慧製造的無所不在網路技術體系，為製造中的設計、過程、設備、商務和管理提供無處不在的網路服務。

「無所不在」感知網路技術綜合感測器技術、嵌入式運算技術、現代網路及無線通訊技術、分散式資訊處理技術等，具有低耗自組、無所不在協同、異構互連的特點。

「無所不在」感知網路技術也是降低工業測控系統成本、擴大工業測控系統應用範圍的焦點技術，是未來幾年工業自動化產品新的成長點。

(4) **空間協同技術**：以無所不在網路、人機互動、無所不在資訊處理和製造系統整合為基礎，突破現有製造系統在資訊監控、獲取、控制、人機互動和管理方面整合度差、協同能力弱的局限，提高製造系統的適應性、敏捷性、高效性。

(5) **平行管理技術**：未來的製造系統將由某一個實際製造系統和對應的一個或多個虛擬的人工製造系統所組成。

平行管理技術就是要實現製造系統與虛擬系統的系統融合，不斷提升企業認識和預防非正常狀態的能力，提高企業的智慧決策和緊急管理水準。

(6) **人機互動技術**：感測技術、工業無線網以及新材料的發展，提高了人機互動的效率和水準。隨著人機互動技術的不斷發展，我們將逐漸進入基於「無所不在」感知的資訊化人機互動時代，突破只能由人服從服務於機器的局限。

(7) **電子商務技術**：製造與商務過程一體化特徵越來越明顯，整體呈現出縱向整合和橫向聯合兩種趨勢。建立健全先進製造業中的電子商務技術框架，透過發展電子商務來提高製造企業在動態市場中的決策與適應能力，構建和諧、永續發展的先進製造業，是未來製造業刻不容緩的任務。

(8) **系統整合製造技術**：系統整合製造是由智慧機器人和專家共同組成的人機共存、協同合作的工業製造系統。它集自動化、整合化、網路化和智慧化於一身，使製造具有修正或重構自身結構和參數的能力，具有自組織和協調能力，可滿足瞬息萬變的市場需求，應對激烈的市場競爭。

工業化的基礎是自動化，物聯網能夠實現自動化和資訊化「兩化融合」的願景。在物聯網的基礎下，傳統的 C/S（Client/Server）架構，可以轉換成 B/S（Browser/Server）架構，在生產製造、新能源、智慧建築、設備控制以及環境監控領域有更廣泛的應用。

具體而言，自動化資料如果沒有經過資訊化的整合，一般使用者是無法使用的。但是如果僅有資訊化功能，卻缺乏自動化的內容，一樣也是空泛無用。這兩者是互相依存的關係，缺一不可。

2．智慧工業的應用現狀

智慧製造裝備是具有感知、決策、執行功能的各類製造裝備的統稱，整個產業涵蓋從關鍵智慧共性基礎技術到測控裝置和部件，再到智慧製造成套設備幾個方面。

工業發達的國家如美、德等，始終致力於以技術創新引領產業升級，在數控機床、測控儀錶和自動化設備、工業機器人等方面具有多年的技術積累，優勢明顯，特別是高級裝備優勢尤為突出。

專家提醒

國際上智慧製造裝備技術優勢主要體現在以下三個方面。

- 擁有智慧儀錶、感知系統等典型的智慧測控裝置和部件的技術優勢。
- 擁有為製造裝備提供智慧化技術支撐的一批基礎性關鍵智慧技術的優勢，包括工業通訊網路安全、高可靠性智慧控制、健康維護診斷等。
- 具備重大智慧製造成套裝備的技術優勢。

3·智慧農業中的物聯網技術

農業是人類衣食之源、生存之本，是一切生產的首要條件，實現農業資訊化是新時期農業發展的首要任務。透過資訊技術改造傳統農業並裝備現代農業，透過資訊服務實現小農戶生產與大市場的銜接，是現代農業發展的必然趨勢。

在傳統農業中，人們獲取農田資訊的方式十分有限，主要是透過人工測量，而且獲取資訊的過程需要消耗大量的人力，但是透過使用智慧農業應用中的無線感測器網路，可以降低人力消耗，精確獲取作物環境和作物生長資訊。與傳統方式相比，遠端自動化監測控制有效地降低了農民勞動強度。

在智慧農業應用中，大量的感測器節點構成了一張張功能各異的監控網路，透過各種感測器擷取資訊，可以幫助農民及時發現問題，並且準確地捕捉發生問題的位置。大量使用各種自動化、智慧化、遠端控制的生產設備，可促進農業發展方式的轉變。總而言之，智慧農業的實現離不開技術的支撐，其主要技術如下。

(1) **全球定位系統（GPS）**：GPS 是利用地球上空的通訊衛星、

地面上的接收系統和使用者設備等組成的高精確度、全天候、全球性的精確定位系統。

GPS 是智慧農業的基礎技術，用於即時快速地擷取田間資訊和精確定位田間操作，在智慧農業中發揮著重要作用。它能夠定位農田資訊，指揮農機行走和作業，同時會對周邊環境進行不定期監測，為農業專家系統提供有益的空間資訊。

日本多家機構聯合研發出了靠 GPS 定位、可以在田間自行耕作的曳引機機器人。只要為曳引機機器人設定好農田參數，如地點、長寬等，曳引機便會自動到農田耕作，而且能夠自主規劃合理的耕作路線，操作簡單。其本身具有的防碰撞裝置，不會碰到人或物。農業機器人普遍具有以下特點。

- 價格便宜，在農民接受範圍內。
- 操作簡便。
- 有很強的環境適應能力，可以適應不同的地面和氣候等。
- 可邊工作邊行動。
- 工作空間狹小，但工作範圍廣闊。

專家提醒

現已開發出來的農業機器人有耕耘機器人、蔬菜嫁接機器人、施肥機器人、除草機器人、林木修剪機器人、噴藥機器人、蔬菜水果採摘機器人、收割機機器人、果實分揀機器人等。

(2) **地理資訊系統 (GIS)**：GIS 是基於電腦、資料庫技術的資料管理技術，它是一種特定的十分重要的空間資訊系統。它是能夠對整個或部分地球表層空間中的有關地理分布資料進行擷取、儲存、管理、運算、分析、顯示和描述的技術系統。

人們使用的地形圖、專業圖和文字表示的各種地理要素，儲存在電腦內，透過電腦及資料庫管理軟體，可以對相關內容進行快速查詢、分析、更新、修改、存檔、傳輸等。透過 GIS 可快速檢索土壤、空氣等農業狀況，進而採取措施，有針對性地運用精準農機進行操作。

(3) **遙感系統（RS）**：RS 是從遠距離感知目標反射或自身輻射的電磁波、可見光、紅外線，對目標進行探測和識別的技術。它由遙感器、遙感平臺、資訊傳輸設備、接收裝置以及圖像處理等設備組成。

RS 可對各種物體如土地、河流水系、農作物等進行觀測。農業遙感技術是現代航空技術、電腦技術等相結合的產物，是人類從空間對地球進行觀察的方法。它利用農場內的各種感測器擷取農場內資料，透過網路傳輸到監控裝置，即時監控農場資訊。

實踐證明，物聯網尖端技術的應用和推廣，實現了農業生產經營的資訊化、自動化、智慧化。智慧農業應用，在引領現代農業駛入資訊高速公路的進程中，正顯現出舉足輕重的作用。

4．智慧農業的應用現狀

智慧農業讓農民只要輕觸手機或點點滑鼠，就能控制整個溫室或溫室的空氣溫濕度、光照等生產要素，實現替農作物澆水、增加光照等程序。

進入 20 世紀，特別是 1950 年代後，智慧農業在一些已開發國家迅速發展，特別是在美國、荷蘭、日本等，形成了一個強大的支柱產業。隨著資訊技術的不斷發展，現代工業向農業的滲透和現代工業技術，包括電子技術、電腦管理技術、現代資訊技術、生物技術等應用，使農業不斷向智慧化方向發展。

已開發國家的智慧農業已具備了設施設備完善、技術成套、生產較規範、產量穩定、品質保證性強等特點，形成了設施製造、環控調節、生產要素一體化的產業體系，能根據動植物生長的最適宜生態條件，在現代化設施農業內進行四季恆定的環境自動控制，使得農業生產很少受氣候條件的影響，實現了週年生產、均衡上市。

目前，RFID 電子標籤、遠端監控系統、無線感測器監測、QR code 等技術日趨成熟，利用 RFID、無線資料通訊等技術擷取農業生產資訊，以幫助農民及時發現問題，準確定位發生問題的位置，使農業生產實現自動化、智慧化，並可遠端控制。

然而，就目前而言，大面積農田使用物聯網技術的條件尚不成熟，物聯網基礎設施建設成本較高，就農田裡的普通農作物來說，投入產出比不高。所以，智慧農業規模化應用尚需時日。

但是相信在未來的農業生產中，智慧農業系統的應用將會更加廣泛，農民看到了運用先進技術帶來的效益，定會主動選擇適合自己農業生產的智慧化系統，提高農產品產量，增加收益。

專家提醒

物聯網技術在智慧農業中的應用有以下幾個步驟。

- 對農作物屬性進行標識，屬性包括靜態屬性和動態屬性。靜態屬性可以直接儲存在標籤中，動態屬性需要先由感測器即時探測。
- 運用識別設備讀取農作物資訊，並將讀取資訊轉換為適合網路傳輸的資料格式。
- 將農作物的資訊透過網路傳輸到資訊處理中心（例如家裡的電腦、手機），由處理中心完成物體通訊的相關運算。

4.3 案例介紹：智慧工業、智慧農業的典型表現

傳統的工業與農業有著不可避免的缺點，例如會耗費大量時間以及人力、物力等，但隨著物聯網技術的不斷發展，物聯網在工業與農業中的實際應用已涉及方方面面。下面我們就來介紹一下物聯網在工業與農業中的具體應用。

4.3.1 汽車工業中的人機介面

人機介面（Human Machine Interaction，HMI），又稱使用者介面，是人與電腦之間傳遞、交換資訊的媒介和對話介面，是電腦系統的重要組成部分，也是系統和使用者之間連結和資訊交換的媒介。它實現資訊的內部形式與人類可接受形式之間的轉換，凡參與人機資訊交流的領域都存在著人機介面。

人機介面通常是指使用者可見的部分，使用者透過人機互動介面與系統交流，小到收音機的播放按鍵，大到飛機上的儀錶板或是發電廠的控制室。

現在設備對於精密度以及自動化控制的要求越來越高，為人機介面需求及應用市場帶來巨大的衝擊，自動化工廠紛紛投入資金，在設備上投入了多樣化的硬體及軟體來順應潮流及趨勢，很多汽車工廠開始應用人機介面。

傳統的汽車修理廠在進行汽車車體的維修烤漆前，都必須依賴人工把不需要處理及重新烤漆的部分先用紙張黏貼遮蔽保護，在作業程序上相當複雜且會耗費大量的工時和人力。

但是如果能夠將各類車體的外形與所有部位的尺寸資料詳細地建立在資料庫中，修車廠的人員在作業上將會減少許多流程與步驟。工作人員直接從資料庫中挑選汽車廠牌甚至車型，直接用觸控的方式選擇要烤漆的部位，在螢幕上標示出要修補的形狀，這個操作可以精細到整個區域、線條、點等。然後電腦就會把螢幕上的圖形資料轉換成要裁切的圖形，傳送給所連接的割字機，裁切出所需要的大小，黏貼在車身上之後，接著便可以順利地進行烤漆程序。在觸控方面，All-in-One 的電阻式觸控螢幕工業電腦，即使工作人員戴著手套也能進行全部的作業。

人機介面這樣的工業控制產品，不再只是應用在半導體設備上，而是已經被導入日常生活中，就連我們的代步工具汽車等，也開始導入人機介面，邁向自動化市場

不論是哪種產業，漸漸地正在被自動化製造設備和人機介面，取代傳統工廠依賴人力製造和人工作業的生產模式，線上自動化生

產設備涉入的部分越來越多，相對的工作效率也大幅增加。這樣的自動化生產不但有效降低了許多人為的不確定因素，而且也讓工廠的自動化概念提升。智慧工廠的腳步正大步地向日常生活邁進、滲透。

4.3.2 無線倉庫與智慧條碼管理

近些年，隨著原料、成品品質等方面的管控日趨嚴格，傳統倉儲物流的日常經營已使企業管理者力不從心，在倉儲企業出現了許多問題。例如無法統計和監控員工的作業效率及有效時間，實物流與資訊流不同步成為正常現象，基於紙張單據的資訊傳輸導致資料錄入的錯誤和人為不可避免的手工錯誤，人海戰術導致的效率低下和人力成本的提高，貨物的入庫、出庫、調撥、清點滯後等已成為管理瓶頸。

所以，現代企業極需全面提升營運效率，釋放管理效能，以固化企業跨越式發展的基石，因此運用條碼技術，以規範企業倉庫管理的需求，正變得尤為迫切。

無線倉庫管理系統透過過程自動化、儲存最佳化、自動任務調派、貨物入庫、轉發交叉作業，大幅提高倉庫運作與管理的工作效率。透過條碼掃瞄、即時驗證、按托盤編號追蹤，大幅減少了現有模式中查找貨位資訊的時間，提高了查詢和清點精確度，大大加速了貨物出庫、入庫的流轉速度，強化了處理能力。

條碼管理系統與倉儲物流管理的緊密結合，並與 ERP 系統的無縫銜接，使企業管理得以不斷精進。條碼管理系統作為企業提升管理水準的重要工具，雖然應用的時間並不長，但它所呈現的營運效益卻有目共睹。

企業內部資訊的收集、核對的準確性和及時性都有了明顯的提高。企業在原料採購、物料消耗、產品生產入庫以及產品銷貨出貨等方面的管控也更為精準。與此同時，員工的工作效率也有了明顯的提升。

對於有待提升營運效能的企業而言，資訊化無疑是一條布滿荊棘卻前途光明的道路。透過精準的批次管理、完善的產品品質追溯體系、嚴格的成本半成品進出管控，企業管理一定會更加精進。

專家提醒

基於無線倉庫管理系統的效益有以下幾個方面。

- 利用條碼標識產品，建立產品的品質追蹤追溯。
- 自動生成產品條碼標籤並影印，為產品全面條碼管理建立基礎。
- 建立包裝出貨條碼管理系統，提高入庫出貨的效率及準確性。
- 實現原料入庫、產品包裝、製品生產、出貨等環節的提示功能。
- 條碼識別及資料擷取裝置的應用，減少人為錄入錯誤，省去紙上記錄的重複工作，提高管理人員的工作效率與工作品質。
- 為管理者提供即時的資料查詢、審核工作，自動生成相關報表。
- 倉庫管理系統為管理決策提供準確的庫存資料，逐漸實現精益生產。
- RFID 與條碼管理相結合，全方位提高運作效率。

第 5 章
智慧時代，物聯網應用於電網、物流

學前提示

如今，隨著科學技術的不斷發展，智慧電網與智慧物流在人們的日常生活中已司空見慣。在物流方面，線上購物只需一個單號就能獲取包裹的所有資訊，這正是物聯網技術在智慧物流方面的應用。

要點展示

- 先行瞭解：智慧電網、智慧物流基礎概況
- 全面分析：物聯網應用於電網與物流領域
- 案例分析：智慧電網、智慧物流的典型表現

5.1　先行瞭解：智慧電網、智慧物流基礎概況

物聯網在電網和物流中的應用僅次於物聯網在工業中的應用。隨著能源的不斷減少，要實現永續發展的目標，就必須發展高科技能源。近幾年，物聯網在電網和物流中的應用已經非常廣泛。

5.1.1　認識智慧電網與智慧物流的概念

首先，讓我們來認識一下智慧電網與智慧物流的概念。

1．智慧電網的概念

智慧電網，就是電網的智慧化，又稱「電網 2.0」。它是建立在整合的、高速雙向通訊網路的基礎上，透過先進的感測和測量技術、設備技術、控制方法以及先進的決策支持系統技術的應用，實現電網的可靠、安全、經濟、高效、環境友好和使用安全的目標。

智慧電網的核心內涵是實現電網的資訊化、數位化、自動化和互動化。其主要特徵包括自癒、激勵使用者、抵禦攻擊、提供滿足21世紀使用者需求的電能品質、容許各種不同發電形式、啟動電力市場以及資產的最佳化高效運行。

電網是在電力系統中聯繫發電、用電的設施和設備的統稱，屬於輸送和分配電能的中間環節，它主要由聯結成網的送電線路、變電所、配電所和配電線路組成。通常把由輸電、變電、配電設備及相應的輔助系統組成的聯繫發電與用電的統一整體稱為電網。電網的發展與社會發展有著十分密切的關係，它不僅是關係國家經濟安全的重大策略問題，而且與人們的日常生活、社會穩定密切相關。

2．智慧物流的概念

智慧物流就是利用整合智慧化技術，採用最新的雷射、紅外、編碼、無線、自動識別、無線電識別、電子資料交換技術、全球定位系統、地理資訊系統等高科技技術，使物流系統能模仿人的智慧，具有思維、感知、學習、推理判斷和自行解決物流中某些問題的能力，從而解決物流的一系列問題。

隨著經濟全球化的發展，全球生產、採購、流通、消費成為一種必然趨勢，使現代物流業成為一種朝陽產業。物流是供應鏈的一部分，過去一直強調的是物流業與製造業的聯動發展，但是現在，物流業不僅要與製造業聯動發展，同樣要與農業、建築業、流通業聯動發展。

所以，供應鏈管理是物流發展的必然趨勢，智慧物流將向「智慧供應鏈」延伸。透過資訊技術，實施商流、物流、資訊流、資金流的一體化運作，使市場、產業、企業、個人聯結在一起，實現智慧化管理與智慧化生活，如圖 5-1 所示。

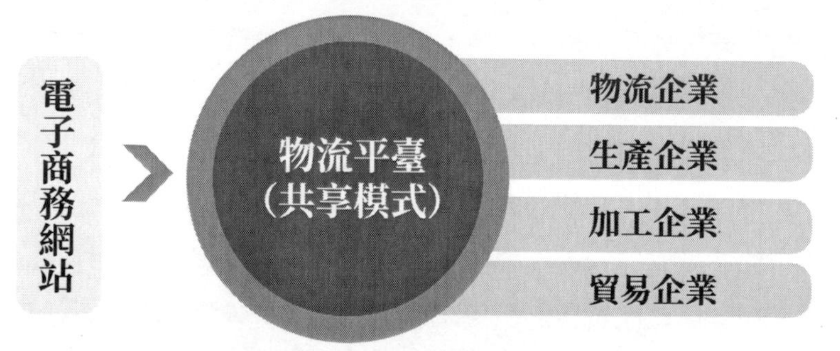

圖 5-1　智慧物流應用平臺

商品、資金、資訊、技術等都是在全世界流動的，所以智慧物流已經成為全世界的共同目標。

另外，智慧物流關注的是公共利益，而不是單個企業為了追求利潤而能實施的。企業智慧物流的運用，是公共智慧物流的體現。所以，智慧物流不可能靠企業單打獨鬥，只有打破條塊分割、地區封鎖的惡習，樹立全產業整合的思想，智慧物流才能在運輸裝備、共同配送等方面有所突破。

專家提醒

物流公共資訊平臺也是智慧物流的一個體現。物流公共資訊平臺是指基於電腦通訊網路技術，提供物流資訊、技術、設備等資源共享服務的資訊平臺。具有整合供應鏈各環節物流資訊、物流監管、物流技術和設備等資源，面向社會使用者提供資訊服務、管理服務、技術服務和交易服務的基本特徵。

物流公共資訊平臺包括三個方面的內涵：物流電子政務平臺，用於政府監管和服務的職能，電子口岸即屬於此類；物流電子商務平臺，用於供應鏈一體化網上商業活動；電子物流平臺，用於物流運輸全過程的即時監控管理。

5.1.2 瞭解智慧電網與智慧物流的特點

傳統電網和物流無論從設備還是從技術上來說都比較落後，無法適應今天電力和物流大規模需求的趨勢，急須更新。其特點分別如下。

1．智慧電網的特點

智慧電網的特點界定了它同傳統技術方案下電網的關鍵區別，同時也是其成為智慧技術的內涵所在。與現有電網相比，智慧電網體現出電力流、資訊流和業務流高度融合的顯著特點，其主要有以下幾個特點。

(1) **可靠自癒**。自癒是智慧電網最重要的特徵，也是其可靠性的本質要求。自癒是指透過線上自我評估以預測電網可能出現的問題，在很少或不用人為干預的情況下，將故障元件從系統中隔離出來，使電網迅速恢復到正常運行狀態。

自癒的實現是依靠資訊技術、感測器技術、自動控制技術與電網基礎設施系統融合，然後才可獲取電網的全景資訊，及時發現、預見可能發生的故障。

(2) **靈活互動**。柔性交、直流輸電、發電廠協調、電力儲能、智慧調整、配電自動化等技術的廣泛應用，使電網運行控制更加靈活、經濟。智慧電網在保證電網穩定可靠的基礎上，能靈活支持可再生能源，並能適應大量分散式電源、微電網以及電動車充放電設施。

智慧電網系統的運行與批發、零售電力市場可實現無縫銜接，支持電力交易的有效開展，實現資源的最佳分配，實現電力運行和環境保護等多方面的收益。

透過智慧電網建立雙向互動的服務模式，使用者可以即時瞭解供電能力、電能品質、電價狀況和停電資訊，合理安排電器使用，電力企業則可以獲取使用者的詳細用電資訊，為其提供更多的加值服務。

(3) **安全可靠**。智慧電網具有堅強的電網基礎體系和技術支撐體系，可以有效抵禦自然災害、外力破壞和攻擊，能夠適應大規模清潔能源和可再生能源的存取。電網的堅強性得到鞏固和提升，從而保障人身、設備和電網的安全。

(4) **優質高效**。提供更加高品質的電能，在數位化、高科技占主導的經濟模式下，電力使用者的電能品質能夠得到有效保障，並且能夠真正實現電能品質的差別定價。

資產和設備優化利用，電網需要引入最先進的 IT、監控技術升級設備和資源分配，提高系統設備傳輸容量和利用率，有效控制成本，保證資產和設備最佳化利用，實現電網的經濟運行。

通訊、資訊和現代管理技術的綜合運用，將大大提高電力設備使用效率，降低電能損耗，使電網運行更加經濟高效。

(5) **兼容協調**。傳統電力網路主要是面向遠端採用集中式發電。智慧電網可以容納包含集中式發電在內的多種不同類型發電，包括分散式發電甚至是儲能裝置。

智慧電網與電力市場化可進一步實現無縫銜接。有效的市場設計可以提高電力系統的規劃、運行和可靠性管理水準，促進電力市場競爭效率。

(6) **資訊整合**。智慧電網的實現包括監視、控制、維護、能量管理、配電管理、市場營運、ERP 等和其他各類資訊系統之間的綜合整合，並要求在此基礎上實現業務整合。

透過物聯網不斷改良流程，整合資訊，實現電力企業管理、生產管理、調度自動化與電力市場管理業務的整合，形成全面的輔助決策支持體系，支撐企業管理的規範化和精細化，不斷提升電力企業的管理效率。支持電力市場和電力交易的有效開展，實現資源的合理配置，降低電網損耗，提高能源利用效率。

2 · 智慧物流的特點

物流是以倉儲為中心，促進生產與市場保持同步的產業，是人類基本的社會經濟活動之一，智慧物流是傳統物流的提升，它運用物聯網技術實現資訊化和綜合化的物流管理和流程監控，智慧物流具有以下特點：

(1) **使消費者輕鬆、放心地購物**。作為消費者，想必最關心的就是產品品質安全問題。智慧物流透過提供貨物源頭自助查詢和追蹤等多種服務，可查詢食品類等各類產品的源頭，讓消費者買得放心、吃得放心。消費者對產品的信任度高了，自然會促進消費，最終對整體市場產生良性影響。

智慧物流強調物流服務功能的恰當定位與完善化、系列化。除了傳統的儲存、運輸、包裝、流通加工等服務外，智慧物流服務在外延上向上擴展至市場調查與預測、採購及訂單處理，向下延伸至配送、物流諮詢、物流方案的選擇與規劃、庫存控制策略建議、貨款回收與結算、教育培訓等加值服務，在內涵上則提高了以上服務對決策的支持作用。

生活的每一個環節，都有物流的存在。透過先進的儲藏技術，可以讓新鮮的果蔬在任何季節亮相；搬家公司周到的服務，可以讓人們輕鬆地喬遷新居；多種形式的行李託運業務，可以讓人們在旅途中享受舒適和輕鬆等。

(2) **降低物流成本，提高企業利潤**。智慧物流能大大降低各產業的成本，提高企業的利潤。物體標識、標識追蹤及無線定位等資訊技術應用，能夠加強物流管理的合理化，降低物流消耗，從而降低物流成本，減少流通費用、增加利潤。而且製造商、批發商、零售商三方透過智慧物流相互合作和資訊共享，物流企業便能更節省成本。

(3) **「物物相連」將給企業的採購系統、生產系統與銷售系統的智慧融合打下基礎**。網路的融合必將產生智慧生產與智慧供應鏈的融合，企業物流可完全智慧地融入企業經營之中，打破眾多界限，打造智慧企業。

(4) **提高政府部門工作效率**。智慧物流除了對消費者和企業有著不可替代的優越性之外，智慧物流透過電腦和網路應用，可全方位、全程監管食品的生產、運輸、銷售，提高政府部門的工作效率。同時，還使得監管更加徹底、更加透明。

(5) **促進當地經濟進一步發展，提升綜合競爭力**。智慧物流使用先進的技術、設備與管理為銷售提供服務，生產、流通、銷售規模越大、範圍越廣，其物流技術、設備及管理越現代化。

智慧物流集多種服務功能於一體，體現了現代經濟運作特點的需求，即強調資訊流與物質流快速、高效、通暢地運轉，從而降低社會成本，提高生產效率，整合社會資源，提升當地綜合競爭力。

(6) **加速物流產業的發展，成為物流業的資訊技術支撐**。將物流企業整合在一起，將過去分散於多處的物流資源進行集中處理，可以發揮整體優勢和規模優勢，實現傳統物流企業的現代化、專業化和互補性。

智慧物流的建設，將加速當地物流產業的發展，集倉儲、運輸、配送、資訊服務等多功能於一體，打破產業限制，協調部門利益，實現集約化高效經營，最佳化社會物流資源分配。

此外，這些企業還可以共享基礎設施、系列服務和資訊，降低營運成本和費用支出，獲得規模效益。

專家提醒

智慧物流的未來發展透過智慧物流系統的 4 個智慧機理，將表現出 4 個特點。它們分別是智慧化、一體化和層次化、柔性化、社會化。

- 智慧化：在物流作業過程中的大量運籌與決策將會實現智慧化。
- 一體化和層次化：以物流管理為核心，實現物流過程中運輸、儲存、包裝、裝卸等環節的一體化和智慧物流系統的層次化。
- 柔性化：智慧物流的發展會更加突出「以顧客為中心」的理念，根據消費者需求變化來靈活調節生產工藝。

- 社會化：智慧物流的發展將會促進區域經濟的發展和世界資源的最佳化分配，實現社會化。

5.2　全面分析：物聯網應用於電網與物流領域

隨著物聯網的發展，其在電網和物流中的應用已經越來越廣泛。智慧電網和智慧物流都是電力產業和物流產業的必然產物。下面我們就來介紹一下物聯網在這兩個產業中的具體應用。

5.2.1　具體應用

1．物聯網在電網領域的應用

智慧電網的運行可分為發電、輸電、變電、配電和用電五個環節，這一點是和傳統電力產業一樣的。物聯網則是實現智慧電網資訊化、自動化、互動化三大特徵的關鍵因素。物聯網技術的應用，對提升智慧電網在發電、輸電、變電、配電和用電五大環節的資訊收集、資訊智慧處理，以及資訊雙向交流具有重要的作用。其相關應用如下。

(1) **智慧電表**。智慧電表是一種集多功能、遠端傳輸、資料分析為一體的電能表，具有智慧扣款、電價查詢、電量記憶、抄表時間凍結、餘額提醒、資訊遠端傳送等功能特性。

智慧電能表是全電子式電能表，相對以往的普通電能表，除具備基本的計量功能外，還帶有硬體時鐘和完備的通訊介面，具有高可靠性、高安全等級以及大儲存容量等特點，節能環保。不僅如此，新型的智慧電表還能網路購電，遠端支持先用電後支付或提前支付等付費方式，就像手機加值一樣簡單。

透過安裝內容豐富且讀取方便的智慧電表，使用者可隨時瞭解電力費用，並且能夠隨時獲取一天中任意時刻的用電價格。這樣電力供應商就為使用者提供了很大的靈活性，使用者可以根據瞭解到的資訊改變其用電模式。

智慧電表還是電網上的感測器，可協助檢測波動、停電，以及儲存和關聯資訊，支持電力供應商完成遠端開啟或關閉服務。

另外，智慧電表可大幅減小系統的峰值負荷，轉換電力操作模式，還能實現雙向互動供電模式下的雙向計量功能，以及實現動態浮動電價下電價的快速響應、快速切換、電價即時結算等功能。在智慧電力設施的支持下，智慧電表可以重新定義電力供應商和客戶的關係。

(2) **虛擬電網的網路系統**。從發電、輸電、變電等各環節來看，引入物聯網應用可以實現對發電設備狀態的詳細調查、狀態預測和調控。

例如從發電廠來看，即時資料系統、資產管理系統、企業資源計畫管理系統、物資超市和電子商務系統、可靠性統計分析系統、即時成本核算系統等，都是發電企業最為關注的一些系統。

這些系統可以透過在機組內外部布置感測器網路，掌握機組的運行狀態，為機組提供及時、有效的維護。同時，透過對異樣資料的監控和檢測，對事故的發生提出預警，預防重大事故的發生，提高各個設備的運行壽命，提升運行效率。

而對於電力企業來說，無人值守的變電所的視訊監控、輸變電線路監控、3D 輸電線路動態維護、建設電量計費系統和電力市場交易平臺等也是監控重點，這些的實現都必須要依靠物聯網技術。

(3) **安全防患，緊急處理**。對於輸電環節而言，透過在輸電線、基地臺或其他重要設備上部署感測器，能夠實現對整體輸電線路的即時監控、受損害目標識別以及損傷區域定位等工作。

並且，透過感測器可監測電力現場作業人員、設備、環境等方面資訊，可實現智慧化互動，減少誤操作風險，降低安全隱患，提高場外作業效率和安全性。

例如，透過感測裝置可以監控變壓器各指標。當出現故障時，透過監控裝置準確、快速地對故障發生區域進行定位，並且進行故障區域和非故障區域配電網路的隔離，再配合視覺化的現場作業管理，快速實現故障的修復，保障使用者用電的穩定性和安全性。

(4) **智慧變電所**。智慧變電所是典型的物聯網應用。它採用先進、可靠、整合、低碳、環保的智慧裝置，以全站資訊數位化、通訊平臺網路化、資訊共享標準化為基本要求，自動完成資訊擷取、測量、控制、保護、計量和監測，並根據需要支持電網即時自動控制、智慧調節、線上分析決策、協同互動等高級功能的變電所。

智慧變電所在數位化變電所的基礎之上，擁有各種高級應用功能，例如分散式狀態估計、智慧警告、站域控制等。此外還有一些智慧輔助系統，比如狀態監測系統、智慧視訊監控系統等。

智慧變電所的應用其實就是把變電所做成像人工在控制一樣，當低壓負荷量增加時變電所送出滿足增加負荷量的電量。當低壓負荷量減小時，變電所送出的電量隨之減少，確保節省能源。

智慧變電所分為設備層、間隔層、站控層，其與傳統變電所最大的區別體現在三個方面，分別是一次設備智慧化、設備檢修狀態化以及二次設備網路化。

設備層包含由一次設備和智慧組件構成的智慧裝置、合併單位和智慧裝置，主要負責完成變電所電能變換、分配、傳輸及其測量、控制、狀態監測等相關功能。

間隔層設備一般指繼電保護裝置、測控裝置等二次設備，實現使用一個間隔的資料，並且作用於該間隔一次設備的功能，即與各種遠方輸入、輸出、智慧感測器和控制器通訊。

站控層包含自動化系統、通訊系統和對時系統等子系統，實現面向全站或一個以上一次設備的測量和控制的功能，完成資料擷取和監視控制、操作閉鎖以及同步相量擷取、電能量擷取、保護資訊管理等相關功能。

智慧變電所主要包括智慧高壓設備和變電所統一資訊平臺兩部分。智慧高壓設備主要包括智慧變壓器、智慧高壓開關設備、電子式變壓器等。智慧電網是未來電網的發展方向，隨著新一代智慧變電所試點專案逐漸投入營運，智慧變電所招標比例將繼續提升，建設進度將不斷加速。

在發電、輸電、變電、配電、用電、調整、通訊資訊等各個環節中，智慧變電所是最核心的一環，智慧變電所的優點如表5-1所示。

表 5-1　智慧變電所的優點

優點	說明
實現低碳環保效果	在智慧變電所中，運用的是不同於傳統電纜的光纖電纜。在各類電子設備中大量使用了整合度高且功能耗低的電子元件，且電子式變壓器將逐漸取代傳統的充油式互感器。 智慧變電所中的各種設備及接線方法，都得到了極大的改善，有效的減少了能源的消耗和浪費，不但降低了成本，也切實降低了變電所內部的電磁、輻射等汙染對人類和環境形成的傷害，在很大程度上提高了環境的品質，實現了變電所性能的最佳化，使之對環境保護的能力更加顯著。
具有良好的互動性	智慧變電所的工作特性和負擔的職責，使其必須具有良好的互動性。它具有向電網回饋安全可靠、準確細緻的資訊功能。 智慧變電所在實現資訊的收集和分析功能之後，不但可以將這些資訊在內部共享，還可以將其和網內更複雜、高級的系統進行良好的互動。智慧電網的互動性確保了電網的安全、穩定運行。
具有很好的可靠性	智慧變電所具有高度的可靠性，在滿足客戶需求的同時，也實現了電網的高品質運行。 因為變電所是一個系統的存在，容易出現牽一髮而動全身的現象，所以變電所自身和內部的所有設施都具有高度的可靠性，這樣的特性也就要求變電所需要具有檢測、管理故障的功能。只有具有該功能才可以有效的預防變電所故障的出現，並在故障出現之後能夠快速的對其進行處理，使變電所中的工作狀態始終保持在最佳狀態。

(5) **智慧互動裝置**。智慧互動裝置是實現供電公司與使用者之間資訊雙向互動的關鍵設備，它透過利用先進的資訊通訊技術，統一監控與管理家庭用電設備，擷取和分析電能品質、家庭用電資訊等資料，引導使用者進行合理用電，調節電網峰谷負荷，實現電網與使用者之間智慧連接。

各類使用者透過智慧互動裝置可以向供電公司發送各種即時或非即時資訊，完成使用者與供電公司的雙向互動，在遇到用電故障等問題時，即時向供電公司回饋資訊，以便及時解決問題。

此外，透過智慧互動裝置，可以一次性抄水表、天然氣表，降低自來水和天然氣公司的抄表成本，為使用者提供家庭通知、社區服務、Internet 服務等加值服務。

智慧互動裝置可以部署在各類中大型企業、居民家庭等使用場所。它融合了通訊、人機互動及多媒體等多種技術，是一臺集影片語音通訊、即時資料監測與轉發、用電相關業務查詢與分析、能效分析等業務應用功能為一體的低功耗設備。

智慧互動裝置的發展正逐漸走向成熟，它具有以下優點。

- 多套設備的多種功能，整合於一體。
- 強大的整合功能再配合各種輔助設備可組合成多套服務系統。
- 提供視訊通話功能，聯絡更便捷。
- 軟體功能自動升級，維護更方便。
- 能效分析功能，及時提醒用電情況。
- 採用可靠作業系統，系統更安全。
- 具有身分識別功能，資訊更安全。

- 任何通知都能在第一時間發送至客戶的裝置。
- 動作監控、語音識別的強大功能讓它傲視群雄。

現在市場上流通的智慧互動裝置有兩種，一種是商用的，一種是家用的。透過商用智慧互動裝置，企業使用者可以查詢即時用電資訊和繳費資訊，接收供電公司的顧問服務、用電調整、故障分析、設備可靠性評估資訊等加值服務。

家用智慧互動裝置安裝簡單，操作方便。很多公司會提供個性化的客製化功能裝置，針對不同的使用者、不同的住宅，根據使用者具體的需求，整合不同的解決方案。產品可廣泛應用於休閒娛樂、緊急指揮、行動辦公和安全監控等領域。

隨著物聯網技術的日益進步，智慧電網的建設將會推動社會進步，並創造更多的經濟價值，智慧電網的未來發展將會改變人們的生產和生活方式更多。

2．物聯網在物流領域的應用

物流產業是物聯網早就應用的產業之一，很多物流系統都採用了感測、RFID、自動識別等技術。概括來說，目前相對成熟的物聯網應用領域主要有產品品質追溯管理系統，物流過程的視覺化智慧管理網路系統，智慧化的企業物流配送中心，企業的「智慧供應鏈」，具體如下。

(1) **產品品質追溯管理系統**。對消費者來說，最注重的莫過於產品品質的安全性和可靠性。透過產品品質追溯管理系統，消費者可隨時掌握所購買產品及其廠商的相關資訊，並對有品質問題的產品進行責任追溯。

對於製造商而言，原料供應管理和產品銷售管理是其管理的核心。物聯網的應用使得產品的動態追蹤運送和資訊的獲取更加方便，可以及時收回不合格的產品，降低產品退貨率，提高了服務水準，提升消費者對產品的信賴度。

不僅如此，透過產品品質追溯管理系統，製造商與消費者資訊交流的增進使其對市場需求作出更快的響應，在市場資訊的擷取方面就奪得了先機，從而有計劃地組織生產，分配內部員工和生產要素，降低甚至避免因長鞭效應帶來的投資風險。

目前，在農產品、食品、醫藥等產業領域，產品追溯體系發揮著貨物追蹤、識別、查詢、資訊擷取與管理等的巨大功能，並有了很多成功應用。

(2) **物流過程的視覺化智慧管理網路系統**。對運輸商而言，透過電子產品代碼 EPC 自動獲取資料，進行貨物分類，能夠大大地降低取貨、送貨成本，且 EPC 電子標籤中編碼的唯一性和仿造的難度可以用來鑒別貨物真偽。

基於物聯網的 EPC 的讀取範圍較廣，可實現自動通關和運輸路線的即時追蹤，從而保證了產品在運輸途中的安全。即使在運輸途中出現問題，也可以準確地定位，及時補救，使損失盡可能地降到最低。

專家提醒

在倉庫管理系統中應用 EPC 技術能夠實現以下功能。

- 貨品動態出入庫管理。
- 大大提高對出入庫產品資訊記錄擷取的準確性。
- 系統能在任何時間及時地顯示庫存狀態。
- 獨立的工作平臺與高互動性。
- 靈活的永續發展的體系。
- 即時性資訊收集和傳輸將提高工作效率。
- 易操作性的介面設計將降低庫存管理的難度。

(3) **智慧化的企業物流配送中心**。借助配送中心智慧控制、自動化操作的網路，可實現商流、物流、資訊流、資金流的全面協同。

這是基於感測、RFID、聲、光、機、電、行動運算等各項先進技術建立的全自動化的物流配送中心。

目前一些先進的自動化物流中心，基本實現了無人搬運貨物、線上自動分揀，電腦控制堆高機自動完成出入庫等目標，而整個物流作業與生產製造都在慢慢走向自動化、智慧化與網路化系統的道路。

(4) **企業的「智慧供應鏈」**。「智慧供應鏈」是結合物聯網技術和現代供應鏈管理的理論、方法和技術，在企業中和企業間構建，實現供應鏈的智慧化、網路化和自動化的技術與管理綜合整合系統。

與傳統供應鏈相比，「智慧供應鏈」具備很多超越傳統供應鏈的特點，如表 5-2 所示。

表 5-2 「智慧供應鏈」的特點

特點	說明
技術的滲透性強	在「智慧供應鏈」的環境下，供應鏈管理和營運者會系統的主動吸收包括物聯網、網際網路、人工智慧等在內的各種現代技術，主動使管理過程適應引入新技術帶來的變化。
視覺化、行動化特徵明顯	「智慧供應鏈」更傾向於使用視覺化的手段來表現數據，採用行動化的方法來訪問數據。
人性化	在主動吸收物聯網、網際網路、人工智慧等技術的同時，「智慧供應鏈」更加系統的考慮問題，考慮人機系統的協調性，實現人性化的技術和管理系統。

物聯網系統具有快速的資訊傳遞能力，能夠及時獲取缺貨資訊，並將其傳遞到賣場的倉庫管理系統，經資訊彙總後傳遞給上一級分銷商或製造商，實現「智慧供應鏈」的目標。

及時準確的資訊傳遞，有利於上游供應商合理安排生產計畫，降低營運風險。在貨物調配環節，物聯網技術的支持大大提高了貨物揀選、配送及分發的速度，在此過程中還可以即時監督貨物流向，保障其準時到達，實現了銷售環節的暢通。對零售商而言，物聯網技術的應用保證了合理的貨物倉儲數量，從而提高訂單供貨率，降低缺貨的可能性和庫存積壓的風險。

目前，物聯網在物流產業的應用，在物品可追溯領域的技術與政策等條件都已經成熟，在視覺化與智慧化物流管理領域則還處於起步階段，在智慧配貨的資訊化平臺建設方面還需統一規劃，全力推進。

5.2.2　技術概況

物聯網技術是智慧電網和智慧物流的支撐基礎，下面我們就來介紹一下物聯網技術在這兩個產業中的應用。

1．智慧電網中的物聯網技術

智慧電網是一種自動化的數位化電網。物聯網面向智慧電網的網路架構和物聯網的基本架構是一樣的，分為感知層、光網路層和應用層。如表 5-3 所示，為智慧電網每一層次相關的物聯網技術。

表 5-3　物聯網基本架構與相關技術

架構層	功能	相關技術
感知層	跟物聯網基本架構的感知層功能相同，主要是感知和識別物體，並擷取資訊。實現對物質屬性、環境狀態、行為態勢等靜態或動態的資訊進行大規模、分散式的資訊獲取。	資訊的感知獲取是透過條碼、RFID、鏡頭、感測器網路等技術實現的。主要透過各種新型感器、基於嵌入式系統的智慧感測器、智慧擷取設備等手段。

光網路層	以電力光纖網為主，以電力線載波通訊網、無線寬頻網為輔，從感知層設備採集數據的轉發，以及負責物聯網與智慧電網專用通訊網路之間的存取，主要用來實現資訊的傳遞、路由和控制。光網路層分為接入網和核心網，以保證物聯網與電網專用通訊網路的連接互通。 光網路層不但要具備網路的能力，還要提升資訊處理的能力。同時，對物聯網提供的大量數據進行分析處理，提升對智慧電網的洞察力，實現電網真正的智慧化。	包括光纜、光端機組成的光網路，物聯網管理中心、資訊中心等部分。 核心網主要由電力骨幹光纖網組成，並輔以電力載波通訊網。 接入網則以電力光纖接入網、電力線載波、無線數位通訊系統為主要手段，從而使電力寬頻通訊網微物聯網技術的應用提供一個高速的雙向寬頻通訊網路平臺。

應用層	將物聯網技術與智慧電網的需求相結合，實現電網智慧化應用的解決方案。智慧電網透過應用層最終實現資訊技術與智慧電網的深度融合，對智慧電網的發展具有廣泛的影響。 應用層的關鍵在於在資訊化的過程中、能滿足電網系統的各個環節進行智慧交流，實現精確供電、互補供電、提高能源利用率、供電安全、節省用電成本目標的各資訊元的需求分析以及資訊的內部共享。	面向智慧電網物聯網的應用涉及智慧電網生產和管理中的各個環節，透過運用智慧計算、模式識別等技術來實現電網相關數據資訊的整合分析處理，進而實現智慧化的決策、控制和服務，最終使電網應用環節的智慧化水準得以提升。

從表 5-3 可以看出，實現智慧電網需要開展很多關鍵技術的研究和應用。透過這些技術的研究和應用，才能逐漸達到智慧電網的目標。

實現智慧電網的五個關鍵技術領域如下。

(1) **通訊技術**。整合通訊系統是用電訊號或者光訊號傳輸資訊的系統，也稱電信系統。系統通常是由具有特定功能、相互作用和相互依賴的若干單位組成的、完成統一目標的系統整體。

建立高速、即時、雙向的整合通訊系統是實現智慧電網的基礎，它能使智慧電網成為一個動態的、即時資訊和電力交換互動的大型的基礎設施。智慧電網的資料獲取、保護和控制都有通訊系統的支持，只有透過這樣的通訊系統，電網的智慧化才能實現。

建立通訊系統是邁向智慧電網的第一步，通訊系統和電網一樣深入到千家萬戶，這樣就形成了兩張緊密聯繫的網路 —— 電網和通訊網路。電網和通訊網路的關係。

高效整合的通訊系統建成後，智慧電網便可以透過連續不斷地自我監測和校正，實現其自癒特徵，避免事故的擴大。

在這一技術領域有兩個需要重點關注的技術，一是開放的通訊架構，它形成一個「即插即用」的環境，使電網元件之間能夠進行網路化的通訊；二是統一的技術標準，它能使所有的感測器、智慧電子設備以及應用系統之間實現無縫通訊，也就是資訊在所有這些設備和系統之間能夠得到完全的理解，實現設備和設備之間、設備和系統之間、系統和系統之間的互通功能。

高速雙向通訊系統使得各種不同的智慧電子設備、智慧表計、控制中心、電力電子控制器、保護系統以及使用者能夠進行網路化的通訊，提高對電網的駕馭能力和優質服務的水準。

(2) **參數量測技術**。先進的參數量測技術能夠幫助電網在工作過程中即時獲得資料，並將其轉換成資料資訊。它是智慧電網基本的組成部件，能夠應用在智慧電網的各個方面。

對於電力公司來說，參數量測技術給電力系統運行人員和規劃人員提供了更多的資料支持，包括電能品質、表計的損壞、設備健康狀況和能力、故障定位、變壓器和線路負荷、停電確認、電能消費和預測等資料。

基於微處理器的智慧表計將有更多的功能，除了可以計量每天不同時段電力的使用和電費外，還有儲存電力公司下達的高峰電力價格訊號及電費費率，並通知使用者實施什麼樣的費率功能。更高級的功能有使用者自行根據費率政策編制時間表，自動控制使用者內部電力使用的策略。

未來新的軟體系統還可以儲存、分析、處理這些資料，為電力公司的其他業務所用。未來的數位保護將嵌入電腦代理程式中，大大提高電網的安全性和可靠性。

(3) **控制技術**。它是指智慧電網中的分析、診斷和預測狀態，並確定採取適當的措施以消除、減輕和防止供電中斷、電能品質擾動的裝置和演算法。

未來先進控制技術的分析和診斷功能將引進預設的專家系統，在專家系統允許的範圍內，採取自動的控制行動。這樣將大大提高電網的可靠性。先進控制技術的功能，如表 5-4 所示。

表 5-4　先進控制技術的功能

功能	說明
收集數據和監測電網元件	使用智慧感測器、智慧電子設備以及其他分析工具，測量使用者參數和電網元件的狀態情況，然後對整個系統的狀態進行評估。這些數據都是即時準確的數據，對掌握電網整體的運行狀況具有重要的意義。同時還要利用向量測量單位以及全球衛星定位系統的時間訊號來實現電網早期的預警。

分析數據	強大的電腦處理能力和即時準確的數據測量為軟體分析工具提供了快速擴展和進步的能力。狀態估計和緊急分析將在秒級水準上完成分析，這給先進控制技術和系統運行人員足夠的時間來反應緊急問題。專家系統將數據轉化成資訊用於快速決策；負荷預測將應用這些即時準確的數據以及改進的天氣預報技術來準確預測負荷；機率風險分析用來確定電網在設備檢修期間、系統壓力較大期間以及不希望的供電中斷時的風險的水準；電網建模和模擬可使運行人員認識準確的電網可能的場景。
診斷解決問題	由高速電腦處理的數據可以使專家透過診斷來確定現有的、正在發展的和潛在的問題解決方案，並提交給系統運行人員進行判斷。
執行自動控制的行動	智慧電網透過即時通訊系統和高級分析技術的結合，使得執行問題檢測和響應的自動控制行動成為可能，他還可以降低已存在問題的擴展，透過修改系統設置、狀態等方法以防止預測問題的發生。
為運行人員提供資訊和選擇	先進控制技術不僅給控制裝置提供動作訊號，而且也未運行人員提供資訊。控制系統收集的大量數據不僅對自身有用，而且還可助運行人員進行決策。

(4) **先進設備技術**。智慧電網透過應用和改造各式各樣的先進設備，例如基於電力電子技術和新型導體技術的設備來提高電網輸送容量和可靠性。配電系統中不僅要引進許多新的儲能設備和電源，同時還要利用新的網路結構，例如微電網，微電網融合了電能生產者和消費者，需要向運行機構提供即時電力資訊以平衡電能供需。

廣泛的先進設備技術，能夠大大提高智慧電網輸配電系統的性能。未來智慧電網主要應用的先進技術有三個方面：超導技術、電力電子技術、大容量儲能技術。

使用者連接埠技術作為通向使用者室內的路由器，在微電網中發揮積極作用。未來智慧微電網高級計量技術能夠實現高級讀表、即時定價和計費、根據即時電價資訊進行負荷調節、控制負荷開關的自動連接斷開等。

超導技術將用於短路電流限制器、儲能、低損耗的旋轉設備以及低損耗的電纜中；新型的儲能技術將被應用於分散式能源或大型的集中式發電廠。

未來的智慧電網中的設備將充分應用在材料、超導、儲能、電力電子和微電子技術方面的最新研究成果中，從而提高功率密度、供電可靠性、電能品質以及電力生產的效率。

(5) **決策支持技術**。智慧電網需要一個廣闊無縫的即時的應用系統、工具和培訓，以使系統運行人員作出決策的時間從小時縮短到分鐘，甚至到秒，而這一點的實現則需要決策支持技術的支持。

決策支持技術將複雜的電力系統資料轉化為系統運行人員一目瞭然的資訊。因此，動畫技術、動態著色技術、虛擬實境技術以及其他資料展示技術可以用來幫助系統運行人員認識、分析和處理緊急問題。如表 5-5 所示，為決策支持系統的功能。

表 5-5　決策支持系統的功能

功能	說明
視覺化	決策支持技術將大量的數據剪裁成格式化的、時間段和按技術分類的，然後把最關鍵的數據傳給電網運行人員。視覺化技術便是將這些可以迅速掌握的數據以視覺的格式展示給運行人員，以便運行人員分析和決策。
決策支持	決策支持技術確定了現有的、正在發展的以及預測的問題，提供決策支持的分析，開展示系統運行人員需要的各種情況、多種選擇以及每一種選擇成功和失敗的可能性。
調度員培訓	利用決策支持技術工具以及產業內認證的軟體的動態模擬軟體，將顯著的提高系統調度員的技能和水準。
使用者決策	需求響應系統以很容易理解的方式為使用者提供資訊，使用者能夠決定如何以及何時購買、儲存或生產電力。
提高運行效率	當決策支持技術與現有的資產管理過程整合後，管理者和使用者就能夠提高電網運行、維修以及規劃的效率、有效性。

2．智慧物流中的物聯網技術

物流要想實現它的智慧化，就離不開無線電識別、電子資料交換、全球定位系統、地球資訊系統、智慧交通系統等這些物聯網技術的支撐。實現智慧物流，其資訊技術的研發與運用最關鍵。

物流領域運用物聯網技術，能夠促進物品在物流過程中的透明管理，使得視覺化程度更高，也能使運輸過程中的資料的傳輸更加及時、準確且便於互動。物聯網技術在物流中的關鍵技術有以下幾類：

(1) **感知技術**。物流的整個過程需要對「物」進行識別、追溯、分類、挑選、計數、定位、追蹤、監控等，但在這些活動中，應用的感知技術都是有差別的。

例如，追蹤識別物體時，常採用的是 RFID 技術和條碼自動識別技術；分類物體時，採用的是 RFID 技術、紅外技術、雷射技術等；追蹤定位物體時，則使用 RFID 技術、GPS 衛星定位技術、車載影片技術、GIS 地理資訊系統技術等；對監控物體時，運用的是 RFID 技術、影片識別技術等；若是對特殊物品的性能及狀態進行感知與識別，常用的則是 RFID 技術、感測器技術、GPS 技術等。

由此可見，目前在物流產業運用得最多也是最廣泛的感知技術主要有 RFID 技術、GPS 技術、感測器技術等。

在物流領域，大量使用 RFID 電子標籤，可以提高整個供應鏈和物流的作業管理水準，其重點應用有以下幾個方面。

- 貨運集裝箱追蹤與管理。
- 托盤等裝載設備的追蹤管理。
- 道路貨運車輛的追蹤管理。
- 配送中心管理。
- 航空貨物追蹤及行李管理。
- 貨運車輛的智慧調度和管理。

在物流領域，GPS 技術能聯網和定位追蹤行動中的物品，GPS 技術在物流產業的應用有以下幾個方面。

- 基於網路的 GPS 公共平臺系統。
- 基於 GPS 的物流配送監控系統。

- 基於 GPS 技術的智慧港口物聯網。
- GPS 技術在貨運車輛運行管理中的應用。

感測器技術也是物聯網中使用的關鍵技術。

感測器技術在物流的許多領域的應用如下。

- 倉庫環境監測，滿足溫度、濕度、空氣成分等環境參數的分散式監控的需求，實現倉儲環境智慧化。
- 生產物流中的設備監測。
- 危險品的物流管理。
- 冷鏈物流管理。
- 運輸車輛和在運物資的追蹤監測。

(2) **物聯網通訊與網路技術**。在區域網路範圍內的物流資訊系統，常採用與企業內部區域網路直接相連的技術，並留有和網路、無線網擴展的介面。在不方便布纜的地方，可運用無線區域網路技術。

在大範圍的物流傳輸和運用資訊系統，經常會用到 GPS 技術與網路技術相互結合的方式來組建貨運聯網，實現物流運輸、車輛配貨和調度制度。這樣可以實現這一套整體的自動化、視覺化和智慧化。

而在網路通訊方面，物聯網常採用無線行動通訊技術、M2M 技術、3G 技術、直接連接網路通訊技術等。

物流產業為了使行動或者儲存中形態各異的物品能夠聯網，最常採用的網路技術是無線區域網路技術、現場總線技術、無線通訊技術和網路技術。

(3) **物流產業常用的智慧技術**。除了感知技術外，還有很多的智慧技術，例如在倉儲的智慧物流中心，採用的技術就是智慧機器人技術、自動控制技術、智慧管理技術、行動運算技術、資料探勘技術等。

在企業廠區的生產物流物聯網系統，常採用的智慧技術主要有自動控制技術、EPR 技術、專家系統技術等。

在大範圍社會物流運輸系統，常採用的技術有智慧調度技術、智慧探勘技術、最佳化運籌技術等。

以物流為核心的智慧供應鏈綜合系統、物流公共資訊平臺等領域，常採用的智慧技術有智慧運算技術、雲端運算技術、資料探勘技術、專家系統技術等。

在網路通訊方面，則會用無線的行動通訊技術、直接連接網路的通訊技術等，像人們現在常用的智慧型手機，之所以可以用來上網或者打電話，就是因為其中應用了無線技術。

物流產業透過智慧化的管理，不僅可以節省人力，同時還能提高企業的生產和管理效率。智慧技術使物流中的很多程序合為流水線工作，透過機器和電腦提高了物流產業效率，消費者們能在更短的時間內收到購買的商品。

物聯網在智慧物流中的應用已經得到了社會的普遍認可。隨著物聯網的發展，智慧物流的更多創新模式也會不斷湧現，物聯網在智慧物流中的應用研究也在不斷地進行。

5.3 案例介紹：智慧電網、智慧物流的典型表現

智慧電網是如今世界電子系統發展革新的制高點，是未來電網發展的必然趨勢；而智慧物流的發展將會使得物流裝備能力越來越強大，同時還可以提高企業的管理水準。下面我們來介紹一下物聯網技術在電網產業和物流產業應用的典型案例。

5.3.1 M2M 技術實現遠端管理充電站工作

電動車因為其低碳環保的特性，迅速風靡全球，而它的普及能夠真正有效地減少二氧化碳排放及溫室效應。但是就目前電動車的電池技術來說，每次電池充電時間長達數小時，且充電後使用時間較短，又要再次充電，非常麻煩。

為了解決這些問題，各國政府已增加研發經費以促進電動車市場成長。例如，德國政府計劃花費 7 億歐元來發展數個電動車輛計畫，而尤其是對智慧充電站的實現，已成為各國政府助推電動車市場發展的重要目標。

機器對機器（M2M）充電技術和大型無人操作電動車充電架構的廣泛設立，具有極其重要的意義。其簡單且有彈性的方式，可將各個充電站連接至充電站控制中心。

M2M 通訊能實現遠端管理充電站工作。所有充電站，無論是在餐廳或家中的單一充電站，或是在停車場或購物商場的大型群組充電站，都必須與控制中心交換重要資訊。甚至能夠偵測盜車等犯罪行為，並傳送警示或中斷服務。

M2M 充電站對於駕駛同樣有利，使用本技術能夠快速找到最近的充電站，並經由手機 App 檢視充電狀態，或在電池充滿且車輛隨時能上路時收到簡訊（SMS）通知。

未來新型的加油站對消費者、商家、餐廳及網路內的所有人，都具有共同的利益，而且所有價值鏈夥伴能利用 M2M 通訊的優勢增進其企業發展。藉由增加電動充電站，可創造額外的收益流。利用整合的 M2M 通訊，能大幅簡化後端程式。例如，在充電快結束時，可自動將電表讀數送至控制中心，顧客隨即能透過線上網路安全存取，透過手機 App 取得消費資料及帳單金額。

M2M 化帳務操作簡易，且可使用多種方式管理。商家可利用 M2M 產生 SMS 及本地資訊，提醒顧客特別費率，提供免費、加值充電服務。此外，充電站營運者還可使用由 M2M 產生的精準電表資訊，正確地向電力公司追蹤及完成付款。

在智慧電網中，所有的發電器、太陽能發電廠、風車及其他電力來源，能與電力公司及電能消費者，透過充電站交換消費和產出資料。

當所有端點已透過雙向通訊連接，整個電網的控制就會更有效率，而且特定區域能夠暫時關機或減速，以滿足其他區域電能消費者的需求。電動車可為有彈性的能源消費者帶來許多便利，而理想的電動車充電站必能在智慧電網中幫助其實現。

由於無線 M2M 的驅動，讓車輛充電站具備立即、簡易且具經濟效益的全球連接性，無論充電站位於何處，都能為使用者提供無比的便利及完整的網路系統功能。

第6章
智慧時代，物聯網應用於交通、醫療

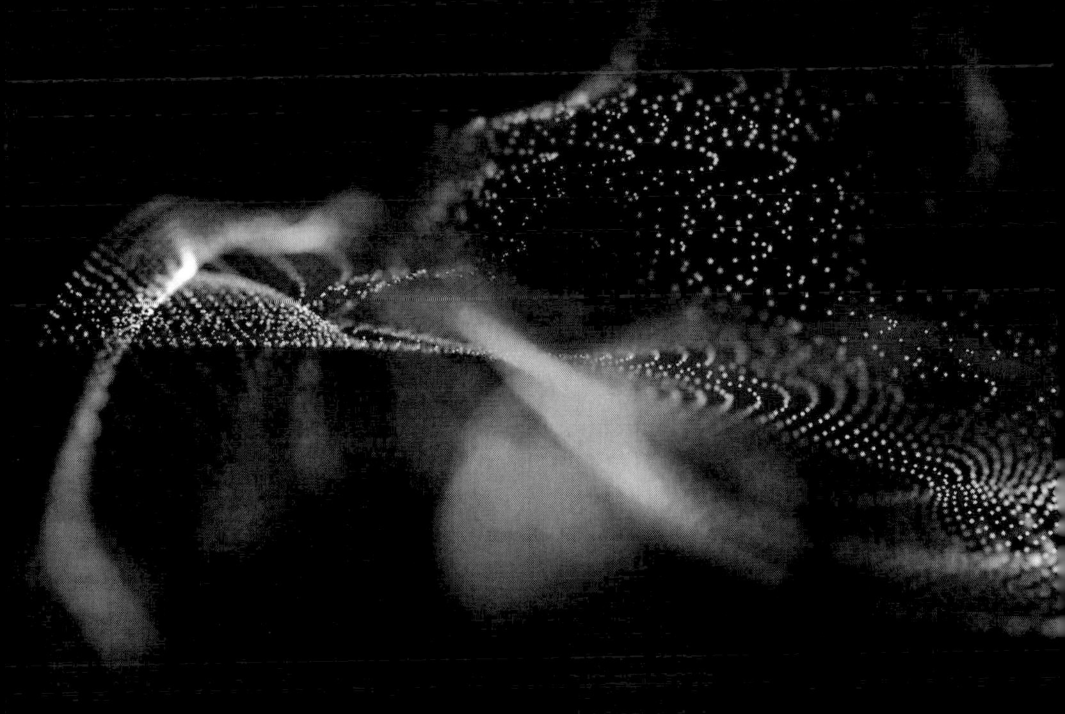

學前提示

物聯網為交通、醫療的迅速發展帶來了機遇，產生了智慧交通與智慧醫療。智慧交通不僅能夠提升人們的出行體驗，而且還能提高出行的安全性；智慧醫療不僅可以實現醫療設備的智慧操控，而且還能加強患者與醫療人員之間的互動。

要點展示

- 先行瞭解：智慧交通、智慧醫療基礎概況
- 全面分析：物聯網應用於交通與醫療領域
- 案例介紹：智慧交通、智慧醫療的典型表現

6.1　先行瞭解：智慧交通、智慧醫療基礎概況

交通運輸業是指國民經濟中專門從事運送貨物和旅客的社會生產部門，包括鐵路、公路、水運、航空、管道等運輸部門。隨著社會的進步，人們生活水準的提高，隨之而來的交通問題也越來越多。例如，交通壅塞、交通安全事故頻發、都市居民搭車出行不便等，為了解決這些問題，加速智慧交通的建設步伐刻不容緩。

醫療產業也是經濟的重要組成部分，醫藥產業對於保護和增進人民健康、提高生活品質，對生育、救災、防疫、戰備以及促進經濟發展和社會進步均具有十分重要的作用。現今，世界各國都在不斷加速智慧醫療的建設。

6.1.1 認識智慧交通與智慧醫療的概念

下面我們來認識一下智慧交通和智慧醫療的概念。

1．智慧交通的概念

智慧交通是一個基於現代電子資訊技術面向交通運輸的服務系統。它以資訊的收集、處理、發布、交換、分析、利用為主線，為交通參與者提供多樣性的服務。

21 世紀將是公路交通智慧化的世紀，人們將要採用的智慧交通系統，是一種先進的一體化交通綜合管理系統。

智慧交通系統（Intelligent Transportation System，ITS）是將先進的資訊技術、資料通訊傳輸技術、電子感測技術、控制技術等有效地整合運用於整個地面交通管理系統而建立的一種在大範圍內、全方位發揮作用的，即時、準確、高效的綜合交通運輸管理系統。

在該系統中，車輛可以自行在道路上行駛，智慧化的公路能夠靠自身將交通流量調整至最佳狀態，借助於這個系統，管理人員對道路、車輛的行蹤將掌握得清清楚楚。

交通安全、交通壅塞及環境汙染是困擾如今國際交通領域的三大難題，尤其以交通安全問題最為嚴重。智慧交通透過各種物聯網技術的有效整合和應用，使車、路、人之間的關係以新的方式呈現，從而實現即時、準確、高效、安全、節能的目標。相關資料顯示，採用智慧交通技術提高道路管理水準後，每年僅交通事故死亡人數就可減少 30% 以上，交通工具的使用效率高達 50% 以上。

所以，世界各已開發國家都在智慧交通技術研究方面投入了大量的資金和人力，很多已開發國家已從對該系統的研究與測試轉入全面部署階段，智慧交通系統將是 21 世紀交通發展的主流。

2．智慧醫療的概念

智慧醫療是物聯網的重要研究領域，透過打造健康檔案區域醫療資訊平臺，利用感測器等物聯網技術，實現患者與醫務人員、醫療機構、醫療設備之間的互動，逐漸達到資訊化。

未來的智慧醫療將會融入更多的人工智慧、感測器技術等高科技技術。在基於健康檔案區域衛生資訊平臺的支撐下，醫療服務將會走向真正意義的智慧化，從而推動醫療事業的繁榮發展，智慧醫療正在走進尋常百姓的生活。

大醫院人滿為患、病人就診手續繁瑣等問題，都是由於醫療資訊不暢、醫療資源兩極化、醫療監督機制不健全等原因導致的，這些問題已經成為影響社會和諧發展的重要因素。

所以建立一套智慧的醫療資訊網路平臺體系刻不容緩，這樣的平臺可使患者等待治療的時間、支付基本的醫療費用的時間縮短，從而享受安全、優質、便利的診療服務。智慧醫療不僅可以有效地大幅提高醫療品質，更可以有效阻止醫療費用的攀升。

在不同醫療機構間，建起醫療資訊整合平臺，將醫院之間的業務流程進行整合，醫療資訊和資源可以共享和交換，跨醫療機構也可以進行線上預約和雙向轉診。這將使得「小病在社區，大病進醫院，康復回社區」的居民就診就醫模式成為現實，從而大幅提升醫療資源的合理化分配，真正做到以病人為中心。

以物聯網為技術基礎的現代醫療系統建設，其基本原理是透過對醫院工作人員、病人、車輛、醫療器械、基礎設施等資源進行資訊化改造，綜合運用物聯網技術，對醫院內需要感知的對象加以標識，並透過標籤讀寫器、智慧裝置設備、手持接收裝置、無線感應器等資訊識別設備，將上述標識的識別資訊以無線網路的方式回饋至資訊處理中心，處理中心對資訊加工、處理融合後傳輸至醫療指揮中心，指揮中心繼而對獲取的資訊綜合分析，及時處理，從而使醫院管理部門掌握感知對象的形態，進而為正確決策打下基礎，如圖 6-1 所示。

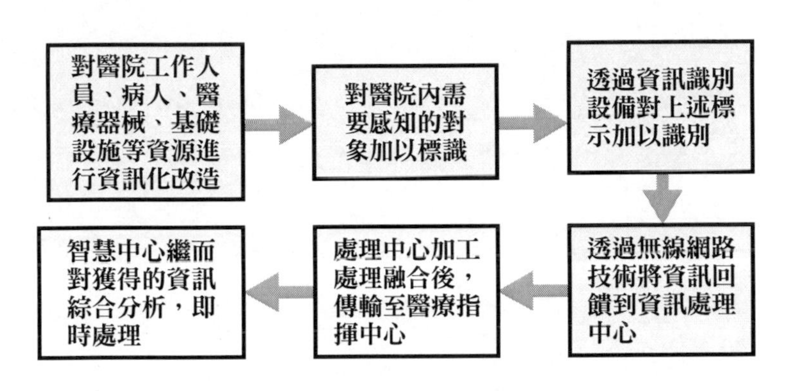

圖 6-1　醫療系統流程圖

例如，智慧醫療使從業醫生能夠搜索、分析和引用大量科學證據來支持他們的診斷，同時還可以使醫生、醫療研究人員、藥物供應商、保險公司等整個醫療生態圈的每一個群體受益，例如在病人體內植入晶片，隨時監護病人的各項指標，並提出警示和建議。而且還可以有效管理整個醫院的營運，對醫院人員、設備、後勤供給、來往車輛和安全保障實行智慧化、人性化管理。這不僅有效節約了社會資源，而且也大大推進了醫療衛生系統的運轉速度。

經過長期的發展，已有很多醫院建立了監控系統，配備和研發了各種資訊系統，使得醫院的視覺化管理和資訊化建設取得了顯著的進步。但智慧化管理仍存在不少死角，造成了社會資源的浪費，同時各種資訊系統尚存在兼容問題。

6.1.2　瞭解智慧交通與智慧醫療的特點

交通產業和醫療產業透過運用物聯網實現智慧化後，會擁有傳統交通和傳統醫療不具備的特點。下面我們看一下智慧交通和智慧醫療的特點吧。

1．智慧交通的特點

智慧交通系統具有兩大特點：一是交通資訊的廣泛應用與服務，一是提升現有交通設施的運行效率，智慧交通主要有以下特點。

(1) **跨產業**：智慧交通系統建設涉及眾多產業領域，是社會廣泛參與的複雜巨型系統工程，需要協調的問題複雜眾多。

(2) **技術領域**：智慧交通系統綜合了交通工程、資訊工程、控制工程等眾多科學領域的成果，需要眾多領域的技術人員共同合作。透過這些技術，智慧交通系統可實現環保、視覺、便捷等功能，如表 6-1 所示。

表 6-1　智慧交通系統實現功能

功能	簡介
環保	大幅度降低碳排放量、能源消耗和汙染物排放，提高生活品質
視覺	將公共交通車輛和私家車整合到一個資料庫，提供單個網路狀態視圖

便捷	透過行動通訊提供最佳路線資訊，增強了旅客體驗和安全檢測
高效	即時進行跨網路交通數據分析和預測，可避免不必要的麻煩，而且還可最大化交通流量
可預測	持續進行數據分析和建模，改善交通流量和基礎設施規則

(3) **安全可靠**：智慧交通系統主要由行動通訊、寬頻網、RFID、感測器、雲端運算等新一代資訊技術作支撐，更符合人的應用需求，可信任程度大幅提高，並變得「無處不在」。

(4) **各方大力支持**：政府、企業、研究單位及大專院校共同參與，恰當的角色定位和任務分擔是系統有效展開的重要前提條件。

現在智慧交通市場開發出來的產品幾乎都有 GPS 車載導航儀器、交通資訊擷取系統、人工輸入等功能。

智慧交通的實用性強且價格實惠，可以在很多都市的交通方面發揮作用。它透過人、車、路的密切配合提高交通運輸效率，緩解交通壅塞，減少交通事故，提高路網通行能力，降低能源消耗並減輕環境汙染。

2 · 智慧醫療的特點

智慧醫療的管理要求整個醫療過程具有嚴謹性，而物聯網恰好能夠實現整個醫療過程貫徹到全對象、全功能、全空間、全過程管理。

智慧醫療主要具有以下特點。

(1) **經濟連接**：患者可以透過健保系統對自己的財務負擔有一個明確的預計，然後決定是否要選擇一些比較貴的新藥、特效藥等。

(2) **合作可靠**：建立公共的醫療資訊資料庫，構建一個綜合的專業的醫療網路。資訊倉庫會變成可分享的紀錄，整合並共享醫療資訊和紀錄，使從業醫生能夠搜索、分析和引用大量科學證據來支持他們的診斷。

除此之外，患者還可以透過手持裝置即時監測自己身體的各項指標。當某項指標超標時，裝置可第一時間將資料傳輸至電子資訊檔案庫中。

同時，經授權的醫生能夠隨時查閱病人的病歷、病史、治療措施和保險細則，根據電子檔案，確定具體的醫療措施，當然，患者也可以自主選擇更換醫生或醫院。

(3) **普及預防**：智慧醫療支持社區醫院和鄉鎮醫院無縫銜接中心醫院，以便可以即時地獲取專家建議、安排轉診和接受培訓。

從大方面講，智慧醫療能即時感知、處理和分析重大的醫療事件，從而快速、有效地作出響應。

從個人來講，智慧醫療能即時感知每個人的身體指標，對資料庫總的醫療資料進行處理分析，能及時瞭解到新藥物對使用者的一系列影響，以及使用新藥物後，使用者的人體指標發展趨勢，制定相應的緊急方案。

6.2　全面分析：物聯網應用於交通與醫療領域

智慧交通和智慧醫療都是智慧都市的重要構成，是解決交通問題和醫療問題的最佳方法。

6.2.1　具體應用

隨著物聯網技術的發展，物聯網在交通和醫療上的應用領域也會越來越多，現有的應用也會更上一層樓。下面我們來介紹一下物聯網在這兩個產業的應用領域。

1．物聯網在交通領域的應用

都市建設，交通先行，交通是經濟發展的動脈，智慧交通是智慧都市建設的重要構成部分。

隨著都市化水準的提高，機動車持有量迅速增加，交通擁擠、交通管理、交通事故救援、環境汙染、能源短缺等問題已成為世界各國面臨的共同難題。

在此大背景下，把交通運載工具、交通基礎設施和交通參與者綜合起來系統考慮，充分利用資訊技術、電子感測技術、資料通訊傳輸技術、衛星導航與定位技術、控制技術、電腦技術等多項高科技技術，以此能夠實現多個領域的智慧化管理。

智慧交通可以有效地利用現有交通設施、減少交通負荷和環境汙染、保證交通安全、提高運輸效率，因而日益受到各國的重視。物聯網技術在智慧交通上的應用主要體現在以下六大領域。

(1) **交通管理**：交通管理包括道路交通管理、公共交通管理、高速公路管理。

- 道路交通管理：可採用即時交通訊號控制系統等先進的交通指揮系統，來解決道路壅塞的問題。利用資訊化方法，在主要壅塞路段透過交通訊號燈、交通管制等方式疏導，及時將壅塞資訊推播至車載裝置或手機，引導車輛規避壅塞路段，並提出行駛路徑建議。

- 公共交通管理：建立完善的公共交通網路，包括進行公車系統的現代化建設，諸如公車定位調度、公車視訊監控、公共車輛資訊管理等，進行地鐵的規模化和資訊化建設等，為市民出行提供完善的公共交通網路，發展都市公共交通配套。
- 高速公路管理：建立全市統一的高速公路資訊中心，可實現高速公路的網路監控，並與交通部門共享。

公路交通領域目前的焦點專案，主要集中在公路收費上，其中又以收費軟體為主。公路收費專案分為兩部分，聯網收費軟體和計重收費系統。此外，聯網不停車收費是未來高速公路收費的主要方式。

視訊監控系統是道路交通指揮系統的一個重要組成部分。它能為交通指揮人員提供道路交通的直觀資訊與即時交通狀況，便於及時發現交通壅塞、違規等情況。它還具有即時影片功能，同時也是處理交通事故和協助社會治安整治的取證方法。視訊監控對於加強安全防範和交通管理至關重要。

(2) **都市道路交通管理服務資訊化**：兼容和整合是都市道路交通管理服務資訊化的主要問題，因此，建設綜合性的資訊平臺成為這一領域的應用焦點。

除了都市交通綜合資訊平臺，一些縱向的有前景的應用有智慧訊號控制系統、測速照相機、車載導航系統等。透過各個路口資訊擷取裝置獲取都市交通資訊，擷取的交通資訊匯聚到交通資訊中心後，進行分析、處理、建模，提出全市的交通壅塞狀況、交通事故、道路積水等資訊的全視圖，引導市民規避這些路段。

(3) **自動停車系統**：建設現代化都市級別的停車場管理系統，實現停車場即時資訊及時發布，市民可透過多種途徑、多種管道方便地獲取都市各個位置停車場的相關資訊。

該系統可顯著提高停車效率，透過停車場引導及時將車輛導入停車位，可以減少因尋找車位產生的交通流量和空氣汙染。

(4) **車輛調度**：車輛營運公司透過語音、短消息方式，實現對司機或車輛的統一調度管理。根據交通壅塞、事故、人員集聚等因素合理調度車輛，如物流車、出租車、企業自有營運車輛等。

公司監管人員，透過車輛綜合調度業務，可隨時查看車輛運行情況，包括現今、歷史運行軌跡。

- 語音調度：透過普通的語音通話對司機進行調度，為司機提供方便的語音呼叫方法，保障司機安全駕駛。
- 短消息調度：該功能可對指定的一輛或多輛車下發調度短消息。在車上採用外接揚聲器進行語音播報或者將文字顯示在調度螢幕上，方便調度中心對駕駛員的統一調度管理。

(5) **實現對車輛的監控和管理**：可實現車輛營運公司監控中心對車輛的行駛位置、線路和區域、軌跡、狀態、速度以及上下人員等的監控。

透過車輛的管理監控等多種資訊化方法，可保障車輛的安全，包括車輛防盜、及時警報等。採用資訊化的車輛和車隊管理方法，還可以降低車輛營運費用，避免無規劃的私自使用車輛情形。

除此之外，車輛生產企業對賣出的各類車輛可提供車載資訊服務。透過車載資訊服務，可為司機提供交通資訊查詢、行程規劃、車輛綜合調度、車輛遠端診斷、緊急救援等服務。

(6) **建立完善的緊急聯動和事故救援機制**：若發生較大的交通事故，交管中心能實現統一調度，觸發緊急機制，聯動警察、急救中心、保險公司等相關部門，快速、有效、妥善處理現場事件，並盡快恢復交通原態。

關注各類交通出行方式，關注車輛故障、車輛防盜、車輛救援等安全相關內容。實現對涉及公共安全的客運車輛的即時監控管理，以及對危險品運輸車輛的即時監控管理，保障公共交通的安全。

2．物聯網在醫療領域的應用

智慧醫療正在走進尋常百姓的生活，它透過利用最先進的物聯網技術，打造健康檔案資訊平臺，實現患者與醫療機構、醫務人員、醫療設備之間的互動。

物聯網技術使得醫院對象感知能力大大提升，處理疫情、病情、醫院各環節調度的速度、精確度和範圍都大大提高，這是其他技術方法所不能取代的。智慧醫療的應用主要體現在以下幾個方面。

(1) **視覺化管理**：包括醫護人員、病人、病人家屬、臨時就診等人員和診室、病房等區域實現智慧視覺化管理。

醫院人流量很大，給有限的醫院空間帶來了巨大挑戰，如果為醫護人員、病人、住院病人家屬等人員都配備了相應的管理卡片，透過這種門禁系統和遍布醫院的感應點，就可以及時區分這些人群並對需要重點監控的病人實行全自動即時感知、定位，對進入重要區域的可疑人員進行重點監控，確保醫院安全。

(2) **醫療監護**：各科室醫護人員可以透過智慧醫療管理平臺即時瞭解本科室病人在診室、病房等地的各種情況，加強對病人的呵護和管理。

並且，將管理卡片與其他系統合併，例如餐飲、跨科室診療，可以大大提高醫療速度，節省醫療資源，提高管理人性化程度。

且智慧醫療也為遠距離專家會診提供方便和可能。單一醫院的資訊是封閉的，在物聯網技術條件下，可以實現人為管理的開放，對疑難雜症等的治療，可以透過開放的醫療衛生感應系統，實現遠距離專家會診。透過對病人病情資訊的共享，疑難病患不必飽受路途顛簸之苦，在最短的時間內可使其得到專業的診療和護理。

當然，在實現這些功能的同時，需要為病人病情設定查閱密碼，保證病人的隱私不會外泄。透過對醫院重要資料、機密文件等張貼 QR code 或嵌入無線電卡，可以即時感知其所在位置，並且對進出該保密地帶的人員進行即時監控，防止重要資料泄密和流失。

(3) **倉儲及醫院進出車輛監管**：醫療藥品、器械的充分儲備是醫院應對公共醫療事件的必要保障，為醫院的倉庫、物資安裝包含醫療藥品型號、器械種類，品種數量等的電子標籤，能使醫院管理者及時準確掌握醫療藥品、器械的儲備情況，為醫院應對各種突發事件提供保障，如圖 6-13 所示。

另外，還可以對進出醫院的車輛實行精細化智慧管理。透過為進出醫院的救護車、儲運車等車輛和重要醫療器械、醫療設備安裝電子標籤、衛星定位裝置等，實現對交通工具、重要醫療器械、設備進行準確定位和即時追蹤，並透過嵌入的各類智慧感測器，監控其工作狀態、完好情況等，從而實現對其精細化管理。

智慧醫療的發展可分為 7 個層次，分別是業務管理系統（醫院收費和藥品管理系統）、電子病歷系統（病人資訊、影像資訊）、臨床應用系統（電腦醫生醫囑錄入系統等）、慢性疾病管理系統、區域醫療資訊交換系統、臨床支持決策系統、公共健康衛生系統，如圖 6-2 所示。

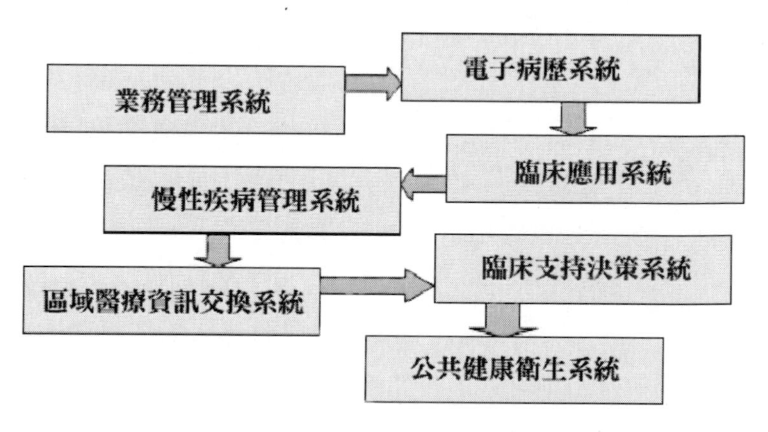

圖 6-2　智慧醫療的發展層次

例如，許多先進醫院可實現病人資訊、病歷資訊、病情資訊等的即時紀錄、傳輸與處理利用，使得在醫院內部和醫院之間透過聯網，即時地、有效地共享相關資訊，這一點對於實現遠端醫療、專家會診、醫院轉診等能夠良好支撐，這主要源於政策層面的推進和技術層的支持。

在物聯網的醫療應用中，行動醫療是智慧醫療系統中十分關鍵的模組之一。行動醫療概念是指透過行動物聯網、行動通訊技術實現與行動裝置的連接，從而為患者提供醫療服務與公共醫療資訊。

專家提醒

可以說，行動醫療儼然已成為現今智慧醫療中最為核心的部分。行動醫療不再只是醫療領域的專利，包括網路電商在內的許多企業都開始虎視眈眈，並親自投身行動醫療應用。

6.2.2 技術概況

物聯網技術是所有智慧化產業的基礎。下面我們來介紹一下交通和醫療產業中的物聯網技術。

1．智慧交通中的物聯網技術

物聯網時代的智慧交通，全面涵蓋了資訊擷取、動態誘導、智慧管控等環節。透過對路況資訊和機動車資訊的即時感知和回饋，透過 GPS、RFID、GIS 等技術的整合應用，實現了車輛從物理空間到資訊空間的雙向互動式映射。

透過對資訊空間虛擬化車輛的智慧管理控制，可以實現對真實空間的車輛和路網的視覺化控制，讓路網狀態模擬與推斷成為可能，更讓交通事件從「事後處置」轉化為「事前預判」這一主動警務模式。

智慧交通主要應用的關鍵技術有以下幾種。

(1) **感知技術**：智慧交通系統中的感知技術是基於車輛和道路基礎設施的網路系統，透過採用先進的檢測、感知、識別技術獲取人與物的地理位置、身分資訊等，可實現物物相通。

資訊技術、微晶片、RFID 以及廉價的智慧信標感應等技術的發展和在智慧交通系統中的廣泛應用，為駕駛提供了安全有力的保障。

車輛感知系統包括了部署道路基礎設施、車輛以及道路基礎設施的電子信標識別系統。要實現智慧交通管理，首先必須對交通的即時狀況進行準確、及時、有效的監控，各種感測技術在這個過程中有舉足輕重的地位。

(2) **無線通訊技術**：目前已經有多種無線通訊解決方案應用在智慧交通系統中。UHF 和 VHF 頻段上的無線調變解調器通訊，被廣泛用於智慧交通系統的短距離和長途通訊。

小於幾百公尺的短距離無線通訊，其中美國交通部和美國智慧交通協會主推 WAVE 和 DSRC 兩套標準。

目前提出的長途無線通訊方案，透過基礎設施網路來實現，例如 WiMAx （IEEE 802.16）、GSM 技術。使用上述技術的長途通訊方案目前已經比較成熟，但是和短距離通訊技術相比，還需要進行大規模的基礎設施部署，成本很高。

現今車輛已經能夠透過多種行動通訊設備、無線通訊方式與衛星、行動電話網路、道路基礎設施等進行通訊，並且利用廣泛部署的 Wi-Fi、行動電話網路等途徑存取網路。

(3) **全球定位系統（GPS）**：GPS 是很多車內導航系統的核心技術，車輛中配備的嵌入式 GPS 接收器能夠接收多個不同衛星的訊號，並運算出車輛現今所在的位置。其定位的誤差一般在幾公尺之內。

GPS 訊號接收需要車輛具有衛星的視野，因此在都市中心區域可能由於建築物的遮擋而使該技術的使用受到限制。很多國家已經或者計劃利用車載衛星 GPS 設備來記錄車輛行駛的里程，並據此進行收費。同時大量的研究工作也需要利用車輛安裝的 GPS 系統來獲得即時的交通流量資訊。

(4) **視訊監測技術**：利用影片攝影設備進行交通流量計量和事故檢測。

視訊監測系統也被稱為「非植入式」交通監控，具有很大優勢，它們並不需要在路面或者路基中部署任何設備。當有車輛經過的時候，黑白或者彩色攝影機會將捕捉到的影片輸入到處理器中分析，以找出影片圖像特性的變化。攝影機通常固定在車道附近的建築物或柱子上。

大部分的視訊監測系統需要一些初始化的設定，來「教會」處理器現今道路環境的基礎背景圖像。該過程通常包括輸入已知的測量資料，例如車道線間距和攝影機到路面的高度。

根據不同的產品型號，單一的視訊監測處理器能夠同時處理 1～8 個攝影機的影片資料。視訊監測系統的典型輸出結果是每條車道的車輛速度、車輛數量和車道占用情況。某些系統還會提供一些附加輸出，例如停止車輛檢測、錯誤行駛車輛警報等。

(5) **運算技術**：實現大量交通資訊的儲存、傳輸、處理是智慧交通管理系統建設的重點。對大量的交通資訊進行高效處理、分析、挖掘和利用，將是未來交通資訊服務的關鍵。

有資料顯示，目前汽車電子占普通轎車成本的 30%，在高級車中占到 60%。根據汽車電子領域的最新進展，未來車輛中將配備數量更少，但功能更為強大的處理器，這就需要運算技術的支持。

目前智慧交通的發展趨勢是要使用數量更少、但更加強大的微處理器模組以及硬體記憶體管理和即時的作業系統。同時新的嵌入式系統平臺將支持更加複雜的軟體應用，包括基於模型的過程控制、人工智慧和普及運算，如圖 6-3 所示。

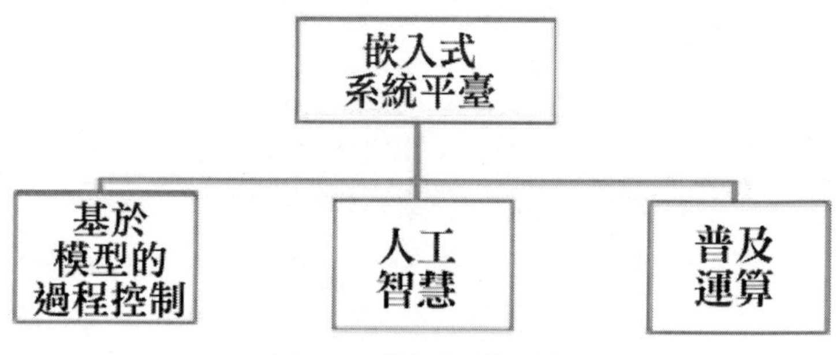

圖 6-3　嵌入式系統平臺

(6) **基於物聯網的路網分析技術**：路網分析技術包括路網容量分析技術、路網脆弱性分析技術、路網廣義費用最佳化技術，如表 6-2 所示。

表 6-2 路網分析技術

項目	概念	應用
路網容量分析技術	路網容量是指在受交通控制的道路某點或斷面處，在給定的時間範圍內，車輛或行人能合理透過的最大數量	在實際路網中，經常會出現道路流量遠遠小於道路通行能力的情況，導致現有基礎設施不能得到有效利用。例如交通壅塞、雪崩等現象燈會造成道路通行能力急遽下降。在物聯網環境下，可以充分利用交通狀態和車輛狀態的即時數據，並在車輛和管理系統之間雙向傳輸，即車輛在行駛過程中可以向系統發送一些路況和車輛本身的資訊，或著給出相關行車建設，從而充分利用路網容量，改善交通秩序，為人們的生活創造有序和安全的交通保障
路網脆弱性分析技術	路網脆弱性是指路網在受到隨機事件影響的情況下，網路性能或服務水準下降，進而失去部分或全部連通能力的性質	物聯網技術為管理系統全方位提供資訊來源，交通基礎設施為物聯網提供應用環境和平臺。 在此背景下，道路、車輛、交通工程設施都具備感知、運算、通訊能力，因此道路設施能夠將路面的完好情況、摩擦係數、溫度、氣象條件等性能參數和流量、速度、密度等交通狀態參數即時發送給公路網路管理中心。也能夠將車輛的速度、加速度等運行參數、交通工程設施將控制設施的狀態即時發送給公路網路管理中心

路網廣義費用最佳化技術	加強公路網路管理，提高車輛運行效率，對於節約燃油消耗、減少尾氣排放有著重要的貢獻意義。因此，在進行公路網路管理時，要以出行距離、時間、燃油消耗構成的廣義費用為優化目標	在物聯網背景下，都能即時檢測出每車輛的燃油消耗量和廢氣排放量，同時還可以依據路網拓撲關係，結合道路交通各網路元素的即時數據，對路網和車輛的性能特徵進行多方面的分析計算。特別是分析路網規劃方案的經濟性，即在能滿足運輸需求的前提下，規劃方案所消耗的最低費用，則該規劃方案就是最優方案

(7) **基於車聯網的車輛間協同運行技術**：車聯網是物聯網在汽車領域的一個細分應用，是指車與車、車與路、車與人、車與感測設備等，實現行動互動通訊的系統。

車聯網本質上是一個巨大的無線感測器網路。每一輛汽車都可以被視為一個超級感測器節點，通常一輛汽車裝備有亮度感測器、內部和外部溫度計、一個或多個鏡頭、麥克風超音波雷達等許多其他裝備。

如今，一輛普通轎車可安裝 100 多枚感測器，豪華轎車安裝的感測器多達 200 餘枚。這使得汽車之間，以及汽車和路邊基地臺之間能夠無線通訊。這種前所未有的無線感測器網路擴展了電腦系統對整個世界的感知與控制能力。

車聯網是指利用車載電子感測裝置，透過汽車導航系統、行動通訊技術、智慧裝置設備與資訊網路平臺，使人、車、路、與都市之間即時聯網，實現資訊連接，從而對車、人、物、路等進行有效的智慧監控、管理、調度的網路系統。

在車聯網背景下，可建立車輛縱向跟隨控制模型，實現車輛在車隊自動駕駛的過程中，保持較小的安全車間距，減少人的因素帶來的複雜影響。因此，物聯網技術在智慧交通管理系統中應用，對改善交通管理品質、提高管理水準有重大意義。

2．智慧醫療中的物聯網技術

智慧醫療結合物聯網技術，將進一步提升醫療診療流程的服務效率和服務品質，提升醫院綜合管理水準，實現監護工作無線化，從而解決醫療平臺支撐薄弱、醫療服務水準整體較低、醫療安全生產隱患等問題，並能降低大眾醫療成本，使醫療資源高度共享。

智慧醫療在整個無所不在網、物聯網體系中所涉及的感知層、網路層、平臺層的各種關鍵技術包括以下幾種。

(1) **智慧感知類技術**：例如 RFID 標籤技術、定位技術、體徵感知技術、影片識別技術等。

智慧醫療中的相關資料主要從醫院和使用者家中各系統的感測器獲取，實現被檢測對象的資料擷取、識別、控制和定位。

RFID 標籤技術是醫藥領域最熱門的物聯網技術，以人體生理和醫學參數擷取及分析為切入點，面向家庭和社區開展遠端醫療服務。

無線定位技術是第三代行動通訊的重要技術之一，根據不同環境即時監護的需求，實現 3D 空間的精確定位，例如藍牙技術、ZigBee 定位技術、電腦視覺定位技術、紅外線技術、超寬頻技術、光追蹤定位技術，以及圖像分析、信標定位、超音波定位技術等。

透過無線網路技術的支持，在此基礎上再配合 RFID 技術，就能實現醫囑執行過程中的檢查和確認，完成對患者身分、藥品、血袋等的識別，有效保證了患者安全，切實提高醫療品質，並減少醫療疏失。

(2) **資訊處理技術**：例如分散式運算技術、網路運算技術等。資訊處理技術能夠完成對各類感測器原始測報或經過預處理的資料的綜合和分析，實現對原始資訊進行更高層次的融合。

分散式運算技術是一門電腦科學，主要研究如何把一個需要非常巨大的運算能力才能解決的問題分成許多小的部分，然後把這些部分分配給許多電腦處理，最後把這些運算結果綜合起來得到最終的結果。

所謂分散式運算，就是在兩個或多個軟體之間互相共享資訊。這些軟體既可以在同一臺電腦上運行，也可以在透過網路連接起來的多臺電腦上運行。分散式運算比起其他演算法具有以下優點：

- 稀有資源可以共享。
- 可以把程式放在最適合運行它的電腦上。
- 透過分散式運算可以在多臺電腦上平衡運算負載。
- 智慧醫療是醫療產業未來發展的必然趨勢，基於物聯網的醫院資訊化建設，借鑒科學先進的物聯網技術和經驗，將醫療和 IT 技術完美結合，建設智慧醫院。透過基於物聯網技術的智慧醫院建設，可以最佳化業務流程，提高工作效率和資源利用率，降低醫療過程中的物耗，減少醫療事故發生，提高醫療服務水準。

(3) **資訊互通類技術**：主要包括感知中介軟體技術、電磁干擾技術、高能效傳輸技術等。

資訊互通類技術能夠實現使用者與服務機構、醫療機構之間健康資訊的數位溝通，為整個醫療系統大量資訊的分析探勘提供通道基礎。

電磁干擾技術主要是針對醫院環境、多種裝置共存、醫用設備防干擾高要求等問題而被廣泛應用的技術，包括臨床場景下、多徑環境下、多個行動使用者以及無線電干擾源時對醫療設備的電磁干擾影響。

高效傳輸技術是指充分利用不同信道的傳輸能力構成一個完整的傳輸系統，使資訊得以可靠傳輸的技術。

它是針對無線感測器網路的高能效傳輸技術研究，涵蓋感測器網路分散式合作分集傳輸演算法，從而提高感測器節點以及整個無線感測器網路的能效。

同時，也是針對醫療健康資訊傳輸的需要和醫學訊號處理技術，研究能夠有效壓縮醫療感測器資料流、醫療影像資料的新的壓縮演算法。

專家提醒

> 智慧醫療屬新興產業，基於以上技術分析，不難看出面向智慧醫療的一些關鍵技術仍不成熟，還有待繼續完善、研發、產品化。規模化生產和產業布局仍需投入較大研發成本，因此對企業的創新研發能力、技術基礎和產品沉澱有較高的要求。

6.3　案例介紹：智慧交通、智慧醫療的典型表現

建設智慧交通的目的是使人、車、路密切配合達到和諧統一，發揮協同效應。這樣便能大幅地提高保障交通安全、交通運輸效率、改善交通運輸環境以及提高能源利用效率。發展智慧交通是政務智慧化、交通資訊化的發展趨勢。

而智慧醫療的建設目的則是構建完整的「電子醫療」體系，實現遠端醫療和自助醫療，降低大眾醫療成本。智慧醫療體系可以在服務成本、品質和即時性方面取得良好的平衡。

6.3.1　測速照相機的智慧應用

測速照相機通常由圖像檢測、拍攝、擷取、處理、傳輸與管理以及輔助光源、輔助支架和相關設備等組成。測速照相機涵蓋了這類設備和系統的先進技術，包括影片檢測技術、電腦技術、現代控制技術、通訊技術、電腦網路和資料庫技術等。

測速照相機系統採用無人值守的方式，實現對違規車輛的全景及車牌特寫記錄，為最終實現都市交通規範的正常化、標準化打下了良好的基礎。其具體功能如下。

(1) 利用動態影片檢測觸發技術，能夠識別抓拍闖紅燈的車輛和車牌，準確地記錄並儲存違規車輛的違規時間、地點、行駛方向、紅燈時間長度、闖過停車線的紅燈時刻和違規車牌圖片等資訊。

(2) 指揮中心對抓拍的違規車輛的車牌號牌自動生成違規號牌

庫，供違規處理操作員進一步確認和處理。

(3) 抓拍的車輛違規圖片能完整清晰地記錄下違規車輛的車型、車身顏色、牌照號碼等資訊。

(4) 夜間，測速照相機採用 LED 補光燈作為抓拍的輔助光源，仍舊能夠抓拍到清晰的車牌號碼。

(5) 在有通訊的條件下，採用軟硬體結合方式，能自動監控系統的正常工作。同時採用定時報告和緊急報告兩種方式，向遠端指揮中心報告情況，可使中心值班人員快速有效地監控系統的正常運行。

測速照相機對事故的捕捉迅速、判斷準確，在惡劣環境下仍能正常工作，在維護良好交通秩序、規範行車安全、強化安全駕駛意識、杜絕闖紅燈現象和打擊違法犯罪行為等方面具有重要意義。

6.3.2 ETC 系統的不斷推進

電子道路收費系統（Electronic Toll Collection，ETC），透過安裝在車輛擋風玻璃上的車載電子標籤以及收費站 ETC 車道上的微波天線之間的微波專用短程通訊，利用電腦聯網技術與銀行進行後臺結算處理，從而達到車輛透過路橋收費站無須停車就能交納過路費的目的。

ETC 是智慧交通系統主要應用對象之一，也是解決公路收費站壅塞和節能減排的重要方法，為此它需要在收費點安裝路邊設備（RSU），在行駛車輛上安裝車載設備（OBU），並採用 DSRC 技術完成 RSU 與 OBU 之間的通訊。

專家提醒

- 路側控制單位（Road Side Unit，RSU）。
- 車載元件（On Board Unit，OBU），也稱為車載電子標籤。
- 資料處理器（Processing Data Unit，PDU）。

由於通行能力大幅提高，所以可以縮小收費站的規模，節約基建費用和管理費用，同時也可以大大降低收費口的雜訊水準和廢氣排放。另外，ETC 系統對於都市來說，不僅僅是一項先進的收費技術，它還是一種透過經濟槓桿進行交通流調節的切實有效的交通管理方法。對於交通繁忙的大橋、隧道，ETC 系統可以避免回數票制度和人工收費的眾多弱點，有效提高這些市政設施的資金回收能力。

6.3.3　Sensus 智慧車載互動系統

車輛是構成交通的基本因素，在智慧交通系統中，物聯網技術使得車輛也具備了「智慧」個性。2014 年，VOLVO 正式發布 Sensus 創新科技子品牌及其智慧車載互動系統，引領了汽車與行動網路融合的科技和產業大趨勢。

Sensus 將安全作為創新的基本原則，以大數據積累和使用者體驗為核心優勢，以開放融合為發展思維，提供包括娛樂、導航、服務、連接、控制在內的車載連接功能，為使用者帶來安全、便捷、智慧、高效的車內外互動體驗。

以Sensus為平臺，VOLVO汽車現階段已聯合多家科技企業，構建了一套完整的基於網路、物聯網和大數據的獨樹一幟的智慧化汽車生態系統，實現了概念與功能的銜接。例如，Volvo On Call 是一項智慧多功能服務系統，採用開創性的手機應用程式，使客戶能夠與他們的 VOLVO 車輛隨時保持聯繫。Volvo On Call 提供挽救生命的緊急救援和安全方面的服務。除此以外，還涵蓋了道路救援、緊急救援、防盜警報以及被盜車輛定位等服務。

對於未來智慧生活，VOLVO 基於消費者需求構思出多種體現物聯網概念的新興商業模式，例如，Sensus 的設計內涵有以下幾個方面：

VOLVO 是提供即時線上應用及服務的汽車廠商之一，借助 Ericson 的全面通訊解決方案及專業服務，Sensus 能夠帶來優質的雲端服務體驗，實現所有車載應用與資訊的即時同步更新。

6.3.4 無人車與旅客自動輸送系統

無人車透過一系列複雜的感測器來完成駕駛過程。在無人車主導的智慧交通系統中，十字路口都會安裝各種感應器、鏡頭和雷達系統等，可以即時監控、控制交通流量，幫助避免撞車，並且使路面交通運輸流更加高效。

例如英國倫敦希斯洛機場，在外圍停車場和航廈間啟用了無人駕駛運輸線路 ULTra PRT。ULTra 的搭車跟普通汽車大小差不多，每部車子可乘坐 4 人，電力驅動的 ULTra 從停車場至航廈只需要 5 分鐘。希斯洛機場的營運公司 BAA 表示，未來提前實現的 ULTra 節省了乘客 60% 的時間和 40% 的營運成本。

無人駕駛公車系統是未來智慧交通中的一大重要因素，美國的一份報告預測，2040 年全球上路的汽車總量中，75% 將會是無人駕駛汽車。

6.3.5 kernel 智慧項鏈監測健康狀態

PICOOC 公司推出的一款名為 kernel 的智慧裝置外觀像是一條項鏈，戴在脖子上，白天可以監測人們的運動類型和運動量，晚上可以監測睡眠狀態。

與 kernel 搭配的是一款藍牙秤，能測量出人體多個部位的脂肪率，手臂和腿的資料還能分左右顯示，而測量出來的資料會透過藍牙的方式發送到使用者的手機；再加上一款專門設計的 App，就形成了一套完整的智慧醫療系統。

kernel 和藍牙秤測量的資料彙總到手機 App 中，手機 App 進行運算後，為人們提供個性化的健康建議，比如增加什麼類型的運動、運動量是多少？

6.3.6 HRP 系統整合醫院前臺業務與後臺管理

HRP（Hospital Resource Planning）即醫院資源規劃，是一套融合現代化管理理念和流程，整合醫院已有資訊資源，支持醫院整體營運管理的統一高效、資訊共享的系統化醫院資源管理平臺。

醫院 HRP 是醫院資訊化建設的核心，HRP 體系最終可為醫院打造集資金流、物流、業務流、資訊流為一體的管理系統，如圖 6-4 所示。

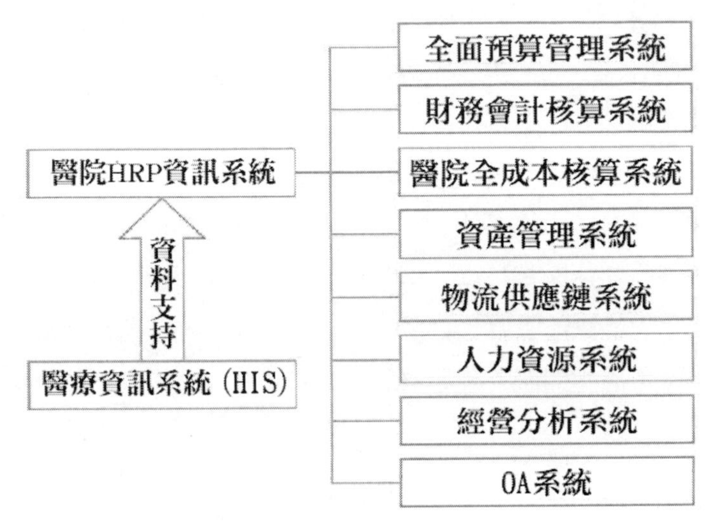

圖 6-4　醫院 HRP 資訊系統

6.3.7　智慧膠囊消化道內鏡系統

醫療設備今後的發展方向有四個特點，分別是微創（使設備對人體的損傷盡可能小）、智慧化、一次性使用、高精確度（測試結果越準確，醫生越容易診斷）。

而膠囊內鏡完全符合以上的特點，是醫療設備未來的發展方向。膠囊內鏡全稱為「智慧膠囊消化道內鏡系統」，又稱「醫用無線內鏡」。

受檢者透過口服內建攝影與訊號傳輸裝置的智慧膠囊，借助消化道蠕動使之在消化道內運動並拍攝圖像。醫生利用體外的圖像記錄儀和影像工作站，瞭解受檢者的整個消化道情況，從而對其病情作出診斷。

智慧膠囊被患者像服藥一樣用水吞下後，會隨著胃腸肌肉的運動節奏沿著「胃—十二指腸—空腸與迴腸—結腸—直腸」的方向運行，同時對經過的腔段連續攝影，並以數位訊號將圖像傳輸給病人體外攜帶的圖像記錄儀儲存記錄。其工作時間達 6 ～ 8 小時，智慧膠囊在吞服 8 ～ 72 小時後就會隨糞便排出體外。

膠囊內鏡具有安全衛生、操作簡便、無痛舒適等眾多優點，全小腸段真彩色圖像拍攝，清晰微觀，突破了小腸檢查的盲區，擴展了消化道檢查的視野，克服了傳統的插入式內鏡所具有的耐受性差、不適用於年老體弱和病情危重等缺陷，大大提高了消化道疾病診斷檢出率。

第 7 章
智慧時代，物聯網應用於環保、警報

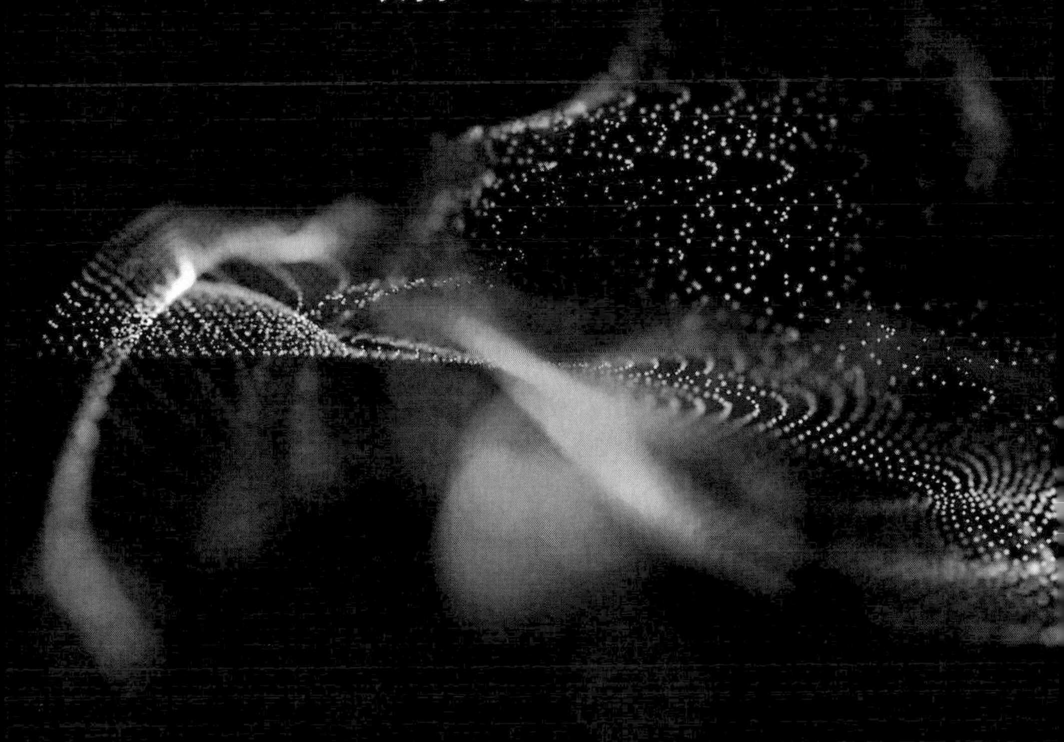

學前提示

物聯網技術的飛速發展為環保與警報領域的智慧化提供了可能。人們生產生活中的智慧警報隨處可見，比如視訊監控、各種防盜系統等；而智慧環保更是應用得非常廣泛，如大氣監測、水質監測等，人們逐漸走向智慧化道路。

要點展示

- 先行瞭解：智慧環保、智慧警報基礎概況
- 全面分析：物聯網應用於環保與警報領域
- 案例介紹：智慧環保、智慧警報的典型表現

7.1　先行瞭解：智慧環保、智慧警報基礎概況

環境保護是指人類為了解決現實或潛在的環境問題，為了協調人類與環境的關係，保障經濟社會的永續發展而採取的各種行動的總稱。而警報的實質則是做好準備和保護，以應付攻擊或者避免受害，從而使被保護對象處於沒有危險、不受侵害、不出現事故的安全狀態，即透過防範的方法達到或實現安全的目的。隨著「智慧地球」概念的普及，智慧環保與智慧警報應運而生。

7.1.1　認識智慧環保與智慧警報的概念

首先，我們分別認識一下智慧環保與智慧警報究竟是什麼。

1．智慧環保的概念

「智慧環保」是「數位環保」概念的延伸和拓展。它是借助物

聯網技術，把感應器和裝備嵌入到各種環境監控對象中，透過超級電腦和雲端運算將環保領域物聯網整合起來，可以實現人類社會與環境業務系統的整合，以更加精細和動態的方式實現環境管理和決策。

在科技高速發展的當代，結合物聯網技術實施環境保護已經是刻不容緩的事情，智慧環保充分利用物聯網等新一代資訊技術，構建環境與社會全面互聯的智慧型環保感知網路，實現環境監測監控的現代化和智慧化，達到「測得準、算得清、傳得快、管得好」的智慧環保總體目標，如圖 7-1 所示。

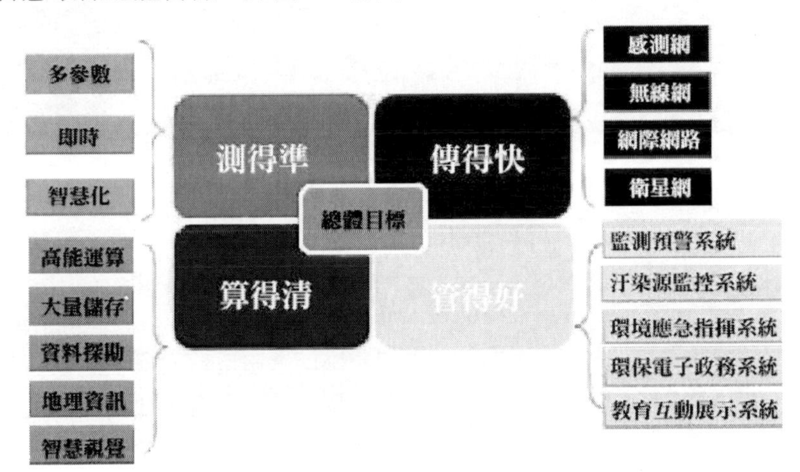

圖 7-1　智慧環保的總體目標

環境保護的主要對象包括自然環境、地球生物、人類環境、生態環境。它是由於生產發展導致的環境汙染問題過於嚴重，首先引起已開發國家的重視而產生的，利用國家法律法規約束和輿論宣傳而逐漸引起全社會重視，由已開發國家到開發中國家興起的一個保衛生態環境和有效處理汙染問題的措施。

都市環保產業是如今世界的朝陽產業。1990 年代以來，世界各國越來越重視環境問題，大力推廣清潔生產技術，環保產品和服務的市場規模越來越大，而環境保護的主要內容如表 7-1 所示。

表 7-1　環境保護的主要內容

主要內容	簡介
自然保護	包括對珍稀物種及其生活環境、地質現象、特殊的自然發展史遺跡、地貌景觀等提供有效的保護。另外，控制水土流失和沙漠化、城鄉規劃、植樹造林、控制人口的成長和分布、合理配置生產力等，也都屬於環境保的內容。
防止汙染	包括防治工業生產排放的「三廢」(廢水、廢氣、廢渣)、粉塵、放射性物質以及產生的噪音、震動、惡臭和電磁微波輻射；交通運輸活動產生的有害氣體、液體、噪音，海上船舶運輸排出的汙染物：工農業生產和人民生活使用的有害化學品；城鎮生活排放的煙塵、汙水和垃圾等造成的汙染。
防止破壞	包括防止由大型水利工程、公路幹線、鐵路、大型港口碼頭、機場和大型工業項目等工程建設對環境造成的汙染和破壞；農墾和圍湖造田活動、海上油田、海岸帶和沼澤地的開發、森林和礦產資源的開發對環境的破壞和影響；新工業區、新城鎮的設置和建設等對環境的破壞、汙染和影響。

環境保護已成為如今世界各國政府和人民的共同行動和主要任務之一，「智慧環保」是資訊技術進步的必然趨勢，它能充分利用各種資訊通訊技術，感知、分析、整合各類環保資訊，對各種需求作出智慧的響應，使決策更加切合環境發展的需要。

專家提醒

智慧環境系統由環境衛星、環境品質自動檢測、汙染源自動監控3個層次構成全方位環境自動監控系統。它能實現對環境資訊資源的深度開發利用和對環境管理決策的智慧支持。

2．智慧警報的概念

智慧警報與傳統警報的最大區別在於智慧化，傳統警報對人的依賴性比較強，非常耗費人力，而智慧警報能夠透過機器實現智慧判斷，從而實現人想做的事。

智慧警報是基於物聯網的發展需求，實現其產品及技術的應用產業，它是警報應用領域的高級延伸。

智慧警報系統包括圖像的傳輸和儲存、資料的儲存和處理以及能夠準確選擇性操作的技術系統。就智慧化警報系統來說，一個完整的智慧警報系統主要包括門禁、警報和監控三大部分。

警報技術的發展能夠促進社會的安寧和諧。智慧化警報技術隨著科學技術的發展與進步已進入一個全新的領域。物聯網分別在應用、傳輸、感知3個層面為智慧警報提供可以應用的技術內涵，使得智慧警報實現了局部的智慧、局部的共享和局部的特徵感應。

警報系統是實施安全防範控制的重要技術方法，在現今警報需求膨脹的形勢下，其在安全技術防範領域的運用也越來越廣泛。隨著微電子技術、微型電腦技術、影片圖像處理技術與光電資訊技術等的發展，傳統的警報系統也正由數位化、網路化逐漸走向智慧化。這種智慧化是指在不需要人為干預的情況下，系統能自動檢測、識別監控畫面中的異常情況，在有異常時能及時警報。

物聯網技術的普及應用，使得都市的警報從過去簡單的安全防護系統向都市綜合化體系演變，都市的警報專案涵蓋眾多的領域，有街道社區、大樓建築、銀行郵局、道路監控、機動車輛、警務人員、行動物體、船隻等。特別是針對重要場所，例如機場、碼頭、水電氣廠、橋梁大壩、河道、地鐵等，引入物聯網技術後可以透過無線行動、追蹤定位等方法建立全方位的立體防護。

專家提醒

> 物聯網是警報產業向智慧化發展的概念平臺，可以為警報智慧化發展提供更好的資金以及技術平臺。具體來說，警報系統包括：視訊監控警報系統、出入口控制警報系統、防盜警報系統、保全人員巡邏警報系統、車輛警報管理系統、110 警報聯網傳輸系統。未來的警報，透過智慧感測晶片，及時感知資訊，即時傳送，給人們帶來一個安全和智慧的新時代。

7.1.2　瞭解智慧環保與智慧警報的特點

如今，智慧環保與智慧警報已經被廣泛應用於相關產業，這些都是基於智慧環保與智慧警報獨特屬性的基礎上發展起來的應用。下面我們來介紹一下二者的特點。

1．智慧環保的特點

(1) **更透徹的感知**：智慧環保的建設採用了各種先進的感知設備，全面感知環境，綜合運用各種設備和技術，獲得前所未有的智慧感知。

這些感知設備有針對氣體中各種有害氣體含量的感測器和測量儀錶，有針對水體各種理化指標和性狀的感測器和測量儀錶，還有比較成熟的視訊監控設備等。

(2) **更全面的連接**：透過各種網路與先進的感知設備的連接，將感知設備獲取的資訊即時傳輸到業務平臺，然後平臺再轉發給手持設備、電腦等智慧化裝置，從而實現多方面的資訊連接。

(3) **更深入的智慧化**：感知層獲得的資料可用於對應的業務系統，甚至可以作為建模的基礎資料，資料管理平臺即時收集並分析資料。當資料超限值時可實現自動警報，提示環境管理部門或汙染源企業及時處理。

專家提醒

> 智慧環保的建設有明確的要求，即採用先進的環境自動監控儀器，依照國家相關技術規範和環境資訊產業技術標準，建設高水準的、覆蓋全面的以及系統整合統一的線上監測監控系統。

2．智慧警報的特點

(1) **警報系統數位化**：資訊化與數位化的發展，使得警報系統中以模擬訊號為基礎的視訊監控防範系統，向全數位化視訊監控系統發展，系統設備向智慧化、數位化、模組化和網路化的方向發展。

警報產品由原來的數位監控影片主機，發展到網路攝影機、電話傳輸設備、網路傳輸設備和專業數位硬碟機等多種產品。

(2) **警報系統整合化**：警報系統的整合化包括兩個方面，一是警報系統與社區其他智慧化系統的整合，將警報系統與智慧社區的通訊系統、服務系統及物業管理系統等整合，這樣可以共用一條資料線和同一電腦網路，共享同一資料庫；一是警報系統自身功能的整合，將影像、門禁、語音、警報等功能融合在同一網路架構平臺中，可以提供智慧社區安全監控的整體解決方案。

整合化的警報系統有以下功能。

- 自動警報：當未經授權試圖闖進警報監控區域時，智慧警報系統會自動開啟，同時錄製影片，並進行聲音警報向主人發送警報資訊，圖像和影片將發送到主人信箱、智慧型手機以及社區管理處。如果智慧社區系統設計完善，那麼該系統應該有直接警報功能，與警察機關或電信業者互動。
- 消防安全：對居住面積較大的別墅區，例如客廳、廚房、娛樂室等屬於公共區域，安裝煙霧警報器和一氧化碳級顯示器。當檢測到異常時，系統會自動通風，如果出現明火，系統會自動通知使用者或相關消防部門。
- 緊急按鈕：當兒童和老年人在家發生突發事件時，緊急按鈕功能可方便通知家人處理緊急事件。
- 能源科技監控：監控水、電和天然氣。當檢測到漏水、漏電、天然氣泄漏等情況時，智慧系統會自行切斷總開關，並通知使用者及時處理。

7.2 全面分析：物聯網應用於環保與警報領域

現今物流網技術在環保和警報方面的應用已經非常廣泛。警報產業在結合了物聯網之後，正走向高解析化、網路化、智慧化的道路。而在環保方面，物聯網則可廣泛應用於大氣監測、生態環境監測、氣象和地理研究、降水監測等各個方面。

7.2.1 具體應用

相對於傳統環保與警報，智慧化的環保與警報更加貼近人們的生活，一方面節省了相關產業的投入成本，另一方面也符合當下行動網路與物聯網發展的基本趨勢。下面我們來介紹一下物聯網在環保與警報領域的重要應用。

1．物聯網在環保領域的應用

(1) **交通節能，低碳環保**：在第 6 章我們已經講過，將物聯網技術應用於交通系統，透過交通流量監控和調度，可以大大提高道路通行能力。

有研究顯示，當出現交通壅塞時，駕駛就需要頻繁地踩油門和剎車，而每次減速的燃油消耗卻是平常耗油的 3 倍。如果將平均車速從每小時 20 公里提高到每小時 40 公里，那麼平均油耗可以大幅降低 20% ～ 40%。

使用 ETC 透過高速公路收費道口時，單車油耗和廢氣排放可以降低約 50%，同時路口通行能力提升 4 ～ 6 倍，大約每位車主每年可節油約 15 升，大幅提高了節油能力，同時也為環境保護貢獻良多。

(2) **建築節能，智慧家居**：建築節能是指在建築材料生產、房屋建築和構築物施工以及使用過程中，滿足同等需要或達到相同目的的條件下，盡可能降低能耗。

隨著物聯網的發展，家庭自動化產業將借勢發展，越來越多公司在智慧家居設備的節能上將會採取多種方式，實現產品節能。產品節能將在設計上趨於人性化和智慧化，例如照明設備可以根據需要調節亮度，也可以採用定時控制，從而減少待機時的資源浪費。

另外，不少公司從無線技術上改善能耗情況，例如物聯感測基於 SmartRoom 無線技術的無線節點使用電池供電，採用「SmartRoom+ 策略節能技術」。工作週期短、收發資訊功耗較低，並能保證設備在沒有指令訊號的狀況下功耗更低。無線感測器的普通電池供電時間可達兩年以上。

(3) **工業節能**：工業企業是能源消費大戶，能源消費量往往占了能源消費總量的 70%。其中鋼鐵、有色金屬、煤炭、電力、石油、化工、建材、紡織、造紙九大耗能產業，用電量占整個工業企業用電量的 60% 以上。

(4) **垃圾回收**：生活中的垃圾其實還有很多用處，例如，塑膠能夠多次融化成型，回收利用塑膠可有效減少環境汙染；許多金屬熔化後可以再利用，回收廢棄金屬能夠有效節約能源和礦石資源。

回收物品的材料分類，如表 7-2 所示。

表 7-2　回收物品的材料分類

類別	說明
紙類	辦公用紙、廢雜誌、紙板箱、廣告紙等
玻璃類	各種乾淨玻璃瓶、燈泡、其他玻璃等製品
塑膠類	牙刷、梳子、各類塑膠文件夾等
金屬類	廢電線、金屬製品等
橡膠類	橡膠管、橡皮擦等
木製品類	所有木製品
紡織品類	毛巾、絲巾、衣物等

物聯網支撐下的垃圾綠色智慧收運體系，將透過運用垃圾分類社會學專業方法建設全鏈條智慧分類收運體系，以及多環節引入環保專業力量的方式，實現垃圾的無害化、減量化、資源化。

每個分類垃圾收集車、分類垃圾轉運車，甚至垃圾桶上都安裝有物聯網晶片，從帶著 QR code 的分類垃圾袋進入含有物聯網晶片的垃圾桶，再透過具有自動秤重設備的收集車將分類垃圾運到處理中心，根據種類不同處理垃圾。

2．物聯網在警報領域的應用

隨著科技不斷進步、經濟不斷提升，智慧警報的人性化、多種服務整合將是未來的發展方向，主要體現在以下幾個方面。

(1) **家居警報**：在前面的智慧家居一章中我們曾講到智慧家居的警報系統，智慧警報在智慧家居中的應用將逐漸擴大。它將使自動化的家居不再是一幢被動的建築，而是變成了會「思考」的聰明建築。例如，當你出門在外或者夜間睡覺時，智慧家居的警報系統會自動開啟處於警戒狀態，保護使用者的家庭安全，具體內容請參照智慧家居一章。

(2) **大樓警報**：隨著房地產業的發展，為智慧大樓的迅速成長提供了很好的平臺，智慧大樓警報監控也逐漸進入人們的視野。與傳統的柵欄式防盜窗不同，普通人在 15 公尺的距離外，基本看不見該防盜窗，走近時才會發現窗戶上罩著一層由一根根相隔 5 公分的鋼絲網。而該網與社區警報系統監控平臺連接，一旦智慧防盜窗上的鋼絲被衝擊或剪斷，系統就會立即警報。從消防角度說，這一新型防盜窗也便於居民逃生和獲得救助。

(3) **交通警報**：智慧交通是一項涉及多學科、多產業的系統工程。其產業與警報產業關係十分密切，從資料擷取到系統整合，再到平臺營運，對於警報企業來說切入的機會點也更多。

在智慧交通系統中需要應用到大量的警報產品，例如都市公共交通管理和都市道路交通管理。都市道路管理系統包括訊號燈控制系統、車牌識別系統、路況指示系統、道路視訊監控系統等。其中，道路視訊監控系統是應用最廣泛的系統，被納入眾多都市的「平安都市」建設中。

(4) **智慧醫療**：透過物聯網技術，可以有效預防醫療事故的發生，保障患者的人身安全，將藥品名稱、品種、產地、批次及生產、加工、運輸、儲存、銷售等環節的資訊，都儲存在 RFID 標籤中，當出現問題時，可以追溯全過程。同時還可以把資訊傳送到公共資料庫中，患者或醫院可以比對標籤內容和資料庫紀錄，有效地識別假冒藥品，大幅提高醫療安全性。

(5) **零售警報**：目前，零售企業基於防損方面的警報應用主要包括電子商品防盜、視訊監控系統、紅外警報系統以及收銀機監控系統等。電子商品防盜系統的作用是可以減少商品丟失。把電子商品防盜系統安置在零售企業明顯的位置，可直接檢測到固定在商品上的有效防盜標籤，使其發出聲光警報。

視訊監控系統的功效主要是對內外盜賊具有威懾作用，並記錄下整個作案的過程，其通常安裝在固定或隱蔽的位置對特定區域進行監視。

收銀監控系統目前主要是把 POS 機資料與收銀監控畫面整合在一起，找出差異，有效地控制收銀線上的損耗。其可即時或事後追查事件當時發生的情況。例如某商品賣給誰、多少價格等詳細資訊都可追查，甚至包括收銀員打開收銀機或刪除收銀資料等資訊都詳細可查。

零售產業警報的應用能夠提高商場等場所的安全保障與員工管理效率等。

7.2.2 技術概況

智慧環保是物聯網技術與環境資訊化相結合的概念，智慧警報則是物聯網及其產品與警報結合起來的產品智慧化，兩者的普及應用離不開物聯網的技術支持。

1．智慧環保中的物聯網技術

(1) **環境品質監測資料擷取**：隨著物聯網技術的發展以及環境監測中總體需求的提高，很多新興技術被逐漸運用到監測領域，例如「3S 技術」。

「3S 技術」是遙感技術（Remote Sensing，RS）、地理資訊系統（Geography Information Systems，GIS）和全球定位系統

（Global Positioning Systems，GPS）的統稱，是空間技術、感測器技術、衛星定位與導航技術和電腦技術、通訊技術相結合，多學科整合的對空間資訊進行擷取、處理、管理、分析、表達、傳播和應用的現代資訊技術。如圖 7-2 所示，為 3S 技術之間的關係。

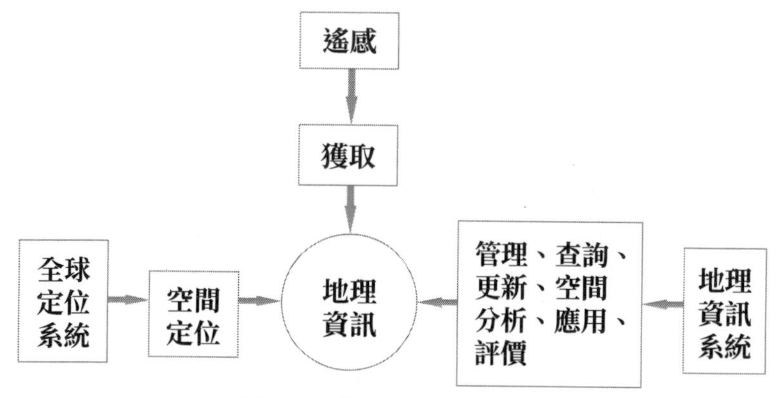

圖 7-2　「3S 技術」間的關係

3S 技術在環境監測中具有監測範圍廣、成本低、速度快、可實現長期動態監控等優點，是目前大範圍環境品質監控的主流技術，在大氣監控、水質監控、都市生態環境監控等領域都有廣泛應用。

大氣、水體等汙染常常伴隨著圖像化的資訊，監測過程中，先由 RS 技術獲取監控區域的光譜圖像資料，經過同往期的圖像比較可以找出環境變化明顯的區域，針對這些區域再進行 GPS 定位，再監測和收集獨立資料。GIS 技術則是針對資料進行綜合管理和分析的平臺，三種技術的聯合運用，可實現大範圍的環境監測。

(2) **汙染源線上監控系統**：智慧環保需要融合感測器、無線電識別、雷射掃瞄、衛星遙感等多種技術，實現資料擷取、傳輸、儲存、分析和及時的報告預警等功能，最後形成全天候、多層次、多區域的監控體系。

汙染源線上監測的含義，是透過裝在處理企業和排汙設備上的各類監測儀錶收集汙染資料，再經由資訊網路將監控資料傳至環境監測部門，實現監控和管理的過程。

選擇適合的感測器，依靠無線傳輸技術形成感測網，根據對資料安全性的要求透過預定的路由器存取網路層，並將資料傳輸到應用層。線上監控使監控資料更加真實可靠，且避免了資料的滯後性。

對汙染源進行即時線上監測，能從根本上改善空氣品質，汙染源線上監控系統包括資料收集系統和資訊綜合系統。

資料收集系統安置於汙染治理設施和排汙設備上，其主體是各種常規指標和汙染物指標的檢測儀器，收集的資料通常由運行記錄儀和設備擷取傳輸儀加密、儲存、發送等。

資訊綜合系統主要由電腦裝置設備、監控中心系統等構成，對收集到的資料分類、分析、保存。監控中心系統通常由資訊管理軟體和資料庫構成。

汙染源線上監控系統已越來越多地應用於工業生產中，在主要汙染源處建立監測站點，隨時監測排放出的汙染物是否超標。一旦超標，系統就會立即將相關資料傳送至監控中心，並立即採取相關減排措施。汙染源線上監控系統的主要應用領域，如表 7-3 所示。

表 7-3　汙染源線上監控系統主要應用領域

主要應用	簡介
大氣監測	一般可採用固定線上監測、流動採樣監等方式，可在汙染源安裝固定在線監測儀器，在監控範圍按網格形式布置有毒、有害氣體感測器，在人群密集或敏感地區布置相應的感測器。 一旦某地區大氣發生異常變化，感測器就會透過感應節點將數據上傳至感測網，直至應用層，根據事先制定的緊急方案進行處理。對於汙染單位排放的超標汙染物，物聯網可實現同步通知環保執法單位、汙染單位，同時將證據同步保存到物聯網中，從而避免先汙染後處理的情況。
水質監測	包含飲用水質監測和水質汙染監兩種。飲用水源監測是在水源地布置各種感測器、視訊監控等感設備，將水源地基本情況、水質的 pH 等指標即時傳至環保物聯網，實現即時監測和預警。 水質汙染監測是在各機構汙染排放口安裝水自動分析儀錶和視訊監控，對排汙單位排放的汙水水質中的氨氮等進行即時監控，並同步到中央控制中心、排汙單位、環境執法人員的裝置上，以便有效防止過度排放或重大汙染事故的發生。

汙水處理監測	在汙水處理廠的入水口和出水口設置多種感測設備，實現對進水水質和出水水質、流速、流量等的持續監測。 還可同時在汙水處理的各個環節增加視訊監控和各種感測設備及汙水處理設備的自控設備，構建多個感測網節點，控制各汙水處理流程中的水質。若水質不在預設的控制範圍內，感測節點便可根據處理的數據，發送控制訊號給汙水處理設備的自控設備，調整各汙水處理設備始終處於最經濟的運行狀態。同時也減少了工作人員的編制。

2．智慧警報中的物聯網技術

(1) **視訊監控技術**：視訊監控系統是由攝影、傳輸、控制、顯示、登記五個部分組成。在警報產業中，視訊監控的應用占據了市場的絕大部分比例，視訊監控技術的智慧化將促進警報產品的智慧化。

智慧影片分析技術的影片擷取設備，是一種擷取關鍵資訊的智慧感知器，早已成為物聯網應用的前端核心。

監控是各產業重要部門或重要場所即時監控的物理基礎，可用於大樓通道、銀行、企業、證券營業場所、商業場所內外部環境、停車場、高級社區家庭、圖書館、醫院、公園等各個地方。

管理部門可透過它獲得有效資料、圖像或聲音資訊，及時監視和記憶突發性異常事件的過程，用以提供高效、及時的指揮和布置警力、處理案件等。

(2) **防盜警報系統**：是指當有人或物非法侵入防範區時引起警報的裝置，它可以發出警報訊號，是用探測器對建築內外重要地點和區域進行布防的一種系統。防盜警報系統的設備一般分為前端探測器和警報控制器。警報控制器是一臺主機，用於有線、無線訊號的處理、系統本身故障的檢測。

前端探測器包括：門磁開關、紅外探測器和紅外微波雙鑒器、玻璃破碎探測器、緊急呼救按鈕等。

防盜警報系統在探測到非法入侵時，能及時向有關人員示警。例如門磁開關、玻璃破碎警報器等可有效探測外來的入侵，紅外探測器可感知人員在樓內的活動等。一旦有入侵行為，警報設備能及時記錄入侵的時間、地點，同時發出警報訊號。

(3) **門禁管理系統**：控制和管理人員進出，並準確記錄和統計管理資料。

門禁安全管理系統是新型現代化的安全管理系統。它集微型電腦自動識別技術和現代安全管理措施為一體，運用的技術涉及電子、電腦技術、機械、通訊技術、生物技術，適用各種機要部門，例如銀行、工廠、機房、軍械庫、社區等場所。

物聯網技術的應用，使得門禁技術迅猛發展，門禁系統已經逐漸發展成為一套完整的出入管理系統。在該系統的基礎上增加相應的輔助設備可以進行電梯控制、物業消防監控、車輛進出控制、保全巡檢管理、餐飲收費管理等，實現區域內一卡智慧管理。

(4) **消防警報系統**：又稱火災自動警報系統，是將全球衛星定位系統、地理資訊系統、無線行動通訊系統和電腦、網路等現代高科技技術集於一體的智慧消防無線警報網路服務系統。

消防警報系統由觸發裝置、火災警報裝置以及其他具有輔助功能的裝置組成，其功能如表 7-4 所示。

表 7-4 智慧消防警報系統的功能

功能	簡介
報警功能	報警裝置採用了當今最先進的感測技術，報警裝置和報警接收機之間採用無線通訊方式。發生火災時，只需按一下手動按鈕，報警訊號就會迅速傳送到報警接收機，並啟動接收器的聲光報警裝置和透過轉發器將訊號傳送到消防支隊如果火災現場無人按按，各種智慧感器也能自動將報警號傳送到報警接收機，完成自動報警。
資訊紀錄和重放功能	系統能自動、準確記錄報警時間、地點、核警過程、出警程序及出警結果，錄下指揮員的語音和現場情況，提供行車路線，重播行車軌跡及出警與火災的全過程，不會出誤報、漏報。
指揮功能	警消中心可根據火災的類別、火勢等級、地理環境、氣象條件、消防水源、消防實力、火警機構的基本情況等相關因素，進行分析、判斷，自動或人工聯合編制出警方案，並向消防中隊、消防車下達出動命令。一旦有火警，警察局和消防車之間可保持即時接收、顯示相互傳遞的資訊，警消中心、民眾、警員可保持相互通話。

消防警報系統能在火災初期，將燃燒產生的熱量、煙霧、火焰等透過火災探測器變成電訊號，傳輸到火災警報控制器，並同時顯示出火災發生的位置、時間等，使人們能夠及時發現火災，並及時採取有效措施，撲滅初期火災，盡量減少因火災造成的生命和財產損失。其系統布置，如圖 7-3 所示。

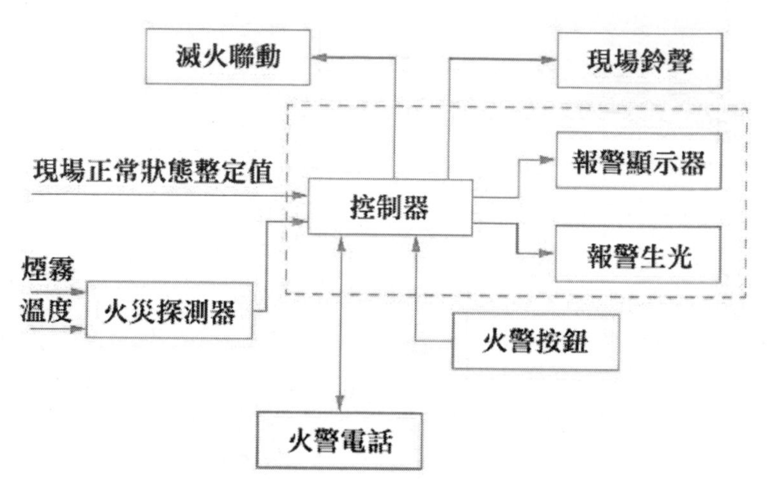

圖 7-3　消防警報系統

消防指揮中心與機構聯網，改變了傳統的被動式警報、報警方式，實現了警報自動化、報警智慧化、管理網路化、服務專業化、科技現代化，減少了中間環節，提高了處理速度，方便快捷、安全可靠。

(5) **智慧指揮控制**：是指在無人干預的情況下，能自主地驅動智慧機器實現控制目標的自動控制技術。

智慧控制器是以自動控制技術和電腦技術為核心，整合微電子技術、資訊感測技術、顯示與介面技術、通訊技術、電磁兼容技術等諸多技術而形成的高科技產品。作為核心和關鍵部件，智慧控制器內建於設備、裝置或系統之中，扮演「神經中樞」及「大腦」的角色。

為什麼大樓的門只讓它自己「認識」的透過？為什麼消防警報系統在檢測到有火災隱患時可以自動「警報」？這一切都源於機器

的智慧指揮控制技術，透過物聯網技術，實現了眾多警報產品的智慧化，使得它們能夠「思考」，從而運用它們的「聰明才智」守護了我們的財產安全。

7.3 案例介紹：智慧環保、智慧警報的典型表現

下面我們來介紹一下物聯網技術在環境保護產業和安全防護產業的相關實例應用。

7.3.1 智慧環衛車輛車載秤重系統

在環保專家看來：只有放錯位置的資源，沒有真正的垃圾，垃圾分類可以形成一個資源循環型的社會。傳統的垃圾混裝就是把垃圾單純地當成廢物，混裝的垃圾被送到填埋場，侵占了大量的土地，而且混裝垃圾無論是填埋還是焚燒，都會汙染土地和大氣，增加環境負擔。

垃圾分裝是把垃圾當成資源，分裝的垃圾被分送到各個回收再造部門，不占用土地，促進了垃圾的無害化處理，也減少了環保局的勞作。

以下是某城鎮的環境衛生管理模式的環衛車輛、車載垃圾秤重系統，如表 7-5 所示。

表 7-5　智慧環衛內容

內容	功能	簡介
區域垃圾量即時監控	對垃圾量進行累計統計	在收運車輛上安裝電子標垃圾秤重設備，可即時上報車輛收運的每桶垃圾，同時累計產生每輛車當前正在收運的垃圾重量。透過車輛位置以及垃圾桶電子標即時累計產生每個社區的垃圾重量；車輛將垃圾運輸至中轉站後，即時產生個中轉站運入和運出的垃圾重量；垃圾運至處理廠後，累計生每個處理廠的垃圾重量，最後匯總形成都市日產垃圾總量。
	即時監控垃圾減量實施效果	在地圖中即時標示每個垃圾桶、收運車輛、社區、中繼站、處理廠的位置，可查詢每個節點當前垃圾量、當日運入和運出垃圾量以及與上月或去年同期相比產生的垃圾量。
車輛作業過程即時監控	作業規則	該系統可按社區、街道、重要區域詳細規劃壓縮車、拉臂車等車輛收運垃圾的清運路線，詳細規劃每輛車所負責的垃圾箱數量、位置、中轉站數量及位置，並規定清運次數，為即時監控及考核評價提供依據。
	即時監控	對垃圾箱清收進度進行監測，可即時監控運輸車輛的軌跡路線，停車次數。對違規停車、超時停車等事件，系統會自動預警，並可基於地圖對作業過程進行重播，即時監控垃圾桶清運數

資訊管理	數據查詢統計分析	該系統可對環衛工、車輛、收運的垃圾桶數、違規事件、油耗資訊等建立資料庫，可對姓名、時間、地點等指標進行查詢統計，根據統計結果形成分析報表。
	考核評價	系統即時統計考核垃圾車、壓縮車的出車次數及里程數，結合油耗情況對車輛進行綜合評價。即時統計壓縮車收運垃圾箱數量，並自動反映超期而未及時清理的垃圾箱。
統計分析	對各個環節對象資料進行統計分析	分析對象可細化到單桶、社區、車輛、中轉站、處理廠，可進行垃圾量同比、環比趨勢分析。例如對垃圾桶進行收運頻率分析，對社區垃圾量分時段統計，對收運車輛工作績效進行月度、年度分析，對中轉站垃圾量按時段統計並形成趨勢圖等。

環衛車輛車載秤重系統，有效解決了垃圾清運過程中遇到的難題，提高了垃圾收運效率，為管理者作出科學決策提供了數字依據，對促進垃圾分類進程，降低環衛作業成本具有重要意義。

7.3.2 平安工程中的智慧警報系統

近年，公共安全受到國際重視，「平安都市」的建設已經成為焦點話題。那麼何為「平安都市」呢？平安都市就是透過三防系統（技防系統、物防系統、人防系統）建設都市的平安和諧。一個完整的安全技術防範系統，是由技防、物防、人防和管理 4 個系統相互配合、相互作用來完成的綜合體。

某市透過對影片圖像智慧識別、分析、檢索、人工智慧等尖端技術文獻調研和技術探討，提出了 6 類實用的警報領域影片圖像應用技術在平安工程中的應用，提升社會治安視訊監控系統的智慧化水準。智慧警報在平安工程中的 6 類實用技術，包括目標智慧追蹤、智慧行為分析、車牌識別、人臉識別、影片拼接、影片圖像品質診斷，如圖 7-4 所示。

圖 7-4　平安工程中的六大技術

(1) **目標智慧追蹤**：基於影片資料融合技術，結合視訊監控圖像智慧分析，高效、快速地實現事件檢測與行為分析。對場景中特定的人、車、物、事等進行精確智慧感知，全時空智慧追蹤人、車、物的行動行為。

(2) **智慧行為分析**：檢測可疑目標入侵、跨越警戒面（虛擬圍牆）、人員聚集、可疑人員逗留、非法停車、逆向行駛、可疑物品遺留、人和車流量統計等，發現異常情況及時警報，將目標可疑行為處置在事態可控階段。

(3) **車牌識別**：在平安工程中，主要用於車輛卡口和測速照相機等監控系統中，實現號牌識別、車身顏色識別、車型識別等，實現過車資訊的即時記錄。

(4) **人臉識別**：對抓拍圖像提取生物特徵，採用人臉檢測演算法、人臉追蹤演算法、人臉品質評分演算法等分析技術，實現對人臉的抓拍擷取、儲存，黑名單比對警報和人臉檢索等功能。

(5) **影片拼接**：對廣場、交通樞紐、機場跑道、公路等場景影片圖像進行拼接，去除重合，矯正形變，使得監控區域視域更廣、效果更佳。

(6) **影片圖像品質診斷**：智慧化影片故障分析與預警，對影片圖像出現的雪花、滾動、模糊、偏色、畫面凍結、增益失衡、雲端平臺失控、影片訊號丟失等常見故障進行準確分析、判斷和警報。

基於影片圖像智慧分析的智慧警報技術，能夠即時分析監控畫面，檢測預判異常行為，實現視訊監控與警務應用之間聯動，提高警報監控智慧化。

透過引入警報技術，可大幅縮短影片分析週期、減少警力消耗，為案件的偵破工作提供快捷有效的途徑和方法，提升都市視覺化管理水準。

第 8 章
行動趨勢，行動網路與物聯網融合

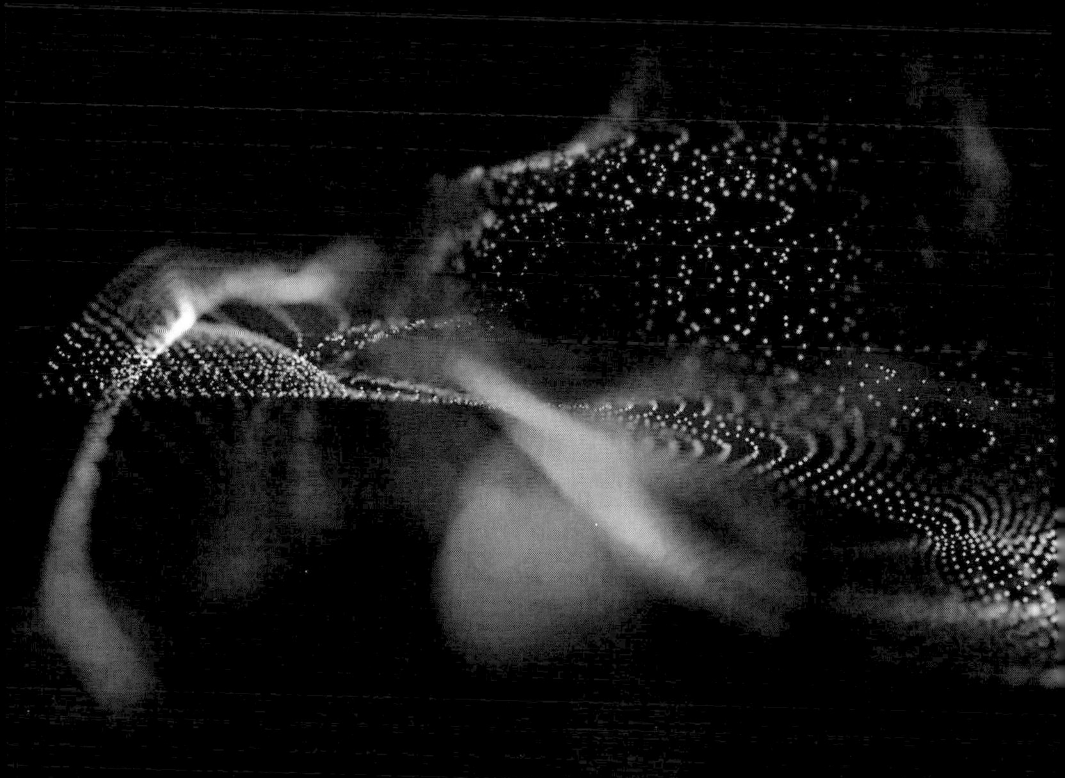

學前提示

行動網路是網路的發展趨勢，它的核心是行動。行動網路滿足了人們的需求，使人們的生活更加方便、快捷，而物聯網則使得人與環境的互動更為具體、即時。因此，物聯網為行動網路的發展提供了巨大的幫助。

要點展示

- 先行瞭解：行動網路的基礎概況
- 專業分析：行動網路的技術基礎
- 案例介紹：行動網路的典型應用

8.1　先行瞭解：行動網路的基礎概況

資訊技術高速發展的今天，人們也在不斷追求更加方便快捷的生活方式，希望能夠隨時隨地隨需地獲取資訊和服務。行動網路就是在這樣的大環境下應運而生。

8.1.1　行動網路具體概念

行動網路，是指網路的技術、平臺、商業模式和應用與行動通訊技術相結合的實踐活動的總稱。

行動網路是一個以行動通訊技術為主，輔以 WiMax、Wi-Fi、藍牙等無線存取技術組成的網路基礎設施，以雲端運算等資訊技術作為支撐平臺的產業技術環境。行動網路產業鏈與使用者的共生性及其在市場環境中的相互作用關係，構成了行動網路產業生態系統，如圖 8-1 所示。

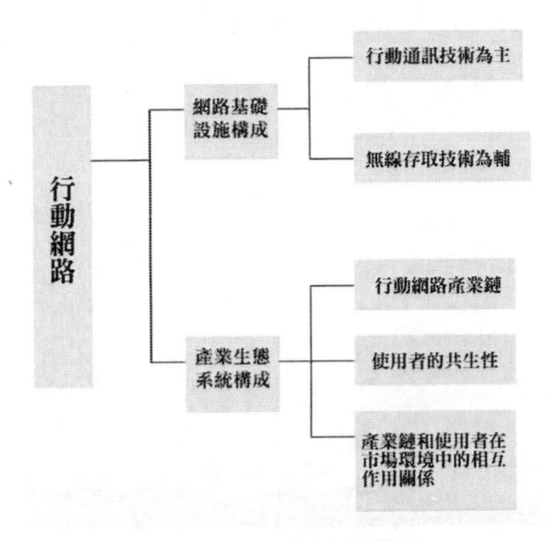

圖 8-1　行動網路構成

行動通訊和網路是如今市場潛力最大、世界發展最快、前景最誘人的兩大業務，它們的成長速度遠遠超出人們的想像，其優勢發展與趨勢決定了其使用者數量的龐大性。

行動通訊與網路正在透過整合產業資源，形成行動網路產業鏈。這個產業由電信業者、設備供應商、裝置供應商、服務供應商、內容供應商、晶片供應商等產業部門組成，並且逐漸向商務金融、物流等產業領域延伸，而物聯網的未來必然是在與行動網路的互動中共同進化。

8.1.2　行動網路主要特點

運算裝置市場已經進入以智慧型手機和平板電腦為中心的時代，由於智慧型手機和平板電腦更能引起消費者的興趣，因此人們花費在智慧裝置上的時間和金錢遠遠大於傳統的資訊裝置。

行動網路具有應用精準、攜帶性等眾多特點，具體如下。

(1) **輕便快捷**：現在人們花費在行動裝置上的時間一般都遠高於電腦，使用行動裝置上網可以帶來電腦上網無可比擬的優越性，即溝通與資訊的獲取遠比電腦方便。

而且智慧型手機已經做到了可以24小時即時通訊、攜帶方便。

(2) **應用精準**：行動裝置能夠滿足消費者簡單、精準的使用者體驗。

(3) **定位功能**：智慧型手機可以透過 GPS 衛星或者基地臺定位。

智慧型手機隨時隨地的定位功能，使資訊可以攜帶位置資訊。例如，不管是 Facebook、Instagram，還是手機拍攝的照片，都攜帶了位置資訊，這些位置資訊使傳播的資訊更加精準，同時也產生了眾多基於位置資訊的服務。

(4) **私密性**：和電腦相比，手機更具有私密性。智慧型手機中儲存的電話號碼就是一種身分識別。若廣泛採用實名制，它也可能成為某個信用體系的一部分。這意味著智慧型手機時代的資訊傳播更精準，更有指向性，但同時也具有更大的騷擾性。

(5) **安全性更加複雜**：安全性一直都是使用者關注的焦點，智慧型手機已是個人生活的組成部分之一，其安全性很容易受到威脅。例如，它能夠輕易地泄露使用者的電話號碼和朋友電話號碼，也可能泄露簡訊資訊及泄露存在手機中的圖片和影片。更為複雜的是，智慧型手機的 GPS 形成的定位功能，可以很方便地對使用者進行即時追蹤，其中的資訊全面而複雜。

(6) **智慧感應的平臺**：行動網路的基本裝置是智慧型手機，智慧型手機不僅具有運算、儲存、通訊能力，同時還具有越來越強大的智慧感應能力。這些智慧感應讓行動網路不僅聯網，而且可以感知世界，形成新的業務。

8.1.3 行動網路的產業鏈

前面已經提過，行動網路產業鏈由電信業者、設備供應商、裝置供應商、服務供應商、內容供應商、晶片供應商等產業部門組成，並且逐漸向商務金融、物流等產業領域延伸，如圖 8-2 所示。

圖 8-2　行動網路產業鏈

(1) **電信業者**：是指提供固定電話、行動電話和網路存取的通訊服務公司。

(2) **設備供應商**：設備供應商在技術研發實力、服務能力等方面都是頂尖的，每個設備供應廠商在各自領域內都有非常出色的業績。

(3) **裝置供應商**：行動裝置主要包括智慧型手機和平板電腦，而全球智慧型手機和平板電腦在 2011 年就已經超越桌機和筆記型電腦的出貨量。「平臺 + 裝置 + 應用」的創新合作已經成為發展趨勢，行動網路裝置能夠帶來巨大的通訊市場。

(4) **服務供應商**：服務供應商能提供撥號上網服務、線上瀏覽、下載文件、收發電子郵件等服務，是網路最終使用者進入 Internet 的入口和橋梁。它包括 Internet 存取服務和 Internet 內容提供服務。

(5) **內容供應商**：內容供應商的業務範圍是向使用者提供網路資訊服務和加值業務，主要提供數位產品與娛樂，包括期刊、雜誌、新聞、音樂、線上遊戲等，而網路內容供應商的收益包括廣告收入、下載收入、訂閱收入等。

專家提醒

> 全球行動使用者的大發展，給行動網路產業鏈中的各個電信業者都帶來了極大的機遇。而行動網路也改變了電信業者之間的競爭格局和發展策略，為他們帶來了更多的合作機會。

8.1.4　行動網路市場規模

近幾年來，行動網路的市場規模一直都在大幅成長，而智慧型手機等裝置以及電信資費價格的降低，將會進一步促進行動網路的滲透率，使得使用者規模與行動網路市場的爆發式成長。且隨著裝置形態及感測器的進一步升級，行動軟體將更加自然地融入人們的健康、學習、娛樂等各個領域，持續創新，並帶動形成新一批具有影響力的行動網路企業。

專家提醒

行動網路八個模式分別如下。

- 手機電視成為新寵。
- 行動廣告是行動網路的主要盈利來源。
- 行動社交成為客戶數位化生存的平臺。
- 行動電子閱讀填補零碎時間。
- 手機遊戲成為娛樂化先鋒。
- 行動定位服務提供個性化資訊。
- 手機內容共享服務將成為客戶的黏合劑。
- 手機搜索將成為行動網路發展的助推器。
- 行動支付蘊藏巨大商機。
- 行動電子商務的春天即將到來。
- 行動網路形式：通路推廣、聯盟推廣、手機應用程式商店推薦、手機預安裝和 App 開發。

8.1.5 行動網路發展背景

2007年3月，微軟推出借助空餘電影片段實現新型無線上網，隨後 Samsung、飛利浦、Ericson、西門子、SONY、義大利電信、法國電信等業界領袖宣布成立開放 IPTV 論壇，目的在於要建立一個企業聯盟，致力於制定一個通用的 IPTV 標準，以便所有的 IPTV 系統能夠實現互通性。

「三網融合」的出現也是為了實現互通性、標準融合、跨網路瀏覽，實現使用者按需選擇的個性化服務。由此可見，行動網路將會成為未來行動網發展的主流，而行動電信業者的專網壟斷將會被打破。

如今手機網友的數量已經超越桌機網友的數量，這大大促進了行動網路的興起和高速發展。行動網路擁有廣闊的前景，對網路企業來說，可謂是一塊巨大的蛋糕，誰都想搶先進入這個市場，贏得先機，如圖 8-3 所示。

專家提醒

可以預見，未來各產業對行動網路產業市場與使用者的爭奪將會愈演愈烈，而這些潛在的使用者擁有著與以往不同的特點，也使得網路企業的下一步策略將面臨更多的挑戰。

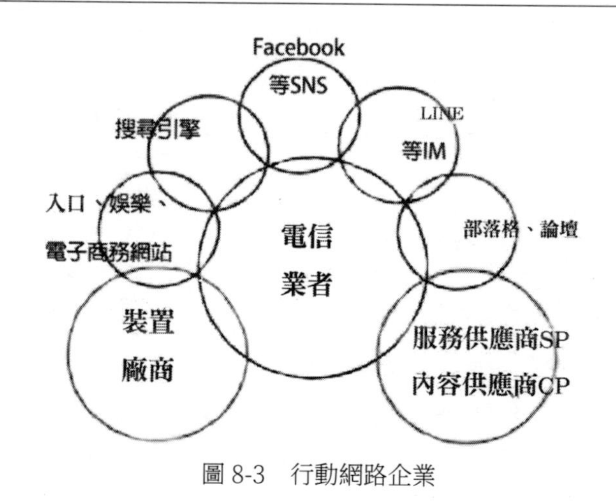

圖 8-3　行動網路企業

8.2　專業分析：行動網路的技術基礎

凡是智慧化的東西，都離不開技術的支撐，行動網路也是如此。行動網路構建的是一個無論我們身處何時何地，都能快速隨時隨需獲取我們想要的資訊的世界。並且現在的行動網路並不只是單純運用在手機上，未來的某天，或許我們身邊的任何物品都能實現行動連接的功能，這也是物聯網技術造就的「奇蹟」。下面我們就去看一下哪些技術可以成就這些「奇蹟」。

8.2.1 發展技術背景

行動網路發展技術背景主要體現在四個方面，分別是行動裝置技術的改進、傳統網路服務商對於 3G 的布局和推進、HTML5 技術和雲端運算能力等條件的逐漸成熟、大量網站專門開發了針對手機使用的 WAP 網站且行動網路平臺開放吸引了大量的 App 應用，具體情況如表 8-1 所示。

表 8-1 行動網路發展的技術背景

背景	簡介
行動裝置技術的改進	更小的體積、更加友好的使用者介面、更大的螢幕與解析度、更強的處理能力、更多更好的使用者體驗，例如：多點語音、觸摸、多感測器、3G 上網、地理位置定位等。
傳統網際網路服務商對於 3G 的布局與推進	經過電信者的積極布局與推進，3G 網路快速成熟。
HTML5 技術與雲端運算能力等條件的逐漸成熟	各式各樣的瀏覽器都支持 HTML，雲端運算將會提升整個行動網路，webApp 幫助行動裝置的能力將大幅下降，主要依靠雲端運算，使得不同等級的手機都能享受同樣的運算能力。

大量網站專門開發了針對手機使用的 WAP 網站，且行動網路平臺開放吸引了大量的 APP 應用	WAP 網站開始投放更多的人力以提升網站的使用體驗，許多 Web 還專門針對智慧型手機平臺最佳化以適應手機螢幕。越來越多的網站平臺對外開放，這些平臺快速發展，簡化了使用者下載安裝手機應用程式的方式，也開創了一種新的商業模式，吸引大量個人與團隊開發者投身其中，形成一個雙贏的良性發展與循環的生態鏈。

8.2.2　行動裝置

前面已經提到過，行動裝置的技術一直都在進步當中，它包括可穿戴式的設備、高精確度行動定位技術、測量與監視工具、高級行動使用者體驗設計等。

(1) **穿戴式設備**：智慧型手機將成為個人區域網路的中心，個人區域網路由身體上的健康醫療感測器、顯示設備和嵌入到服裝、鞋、眼鏡、智慧手錶、首飾中的各種感測器組成。

例如，Google 研發了一款可以用隱形眼鏡來追蹤的設備。除此之外，還有很多公司現在正在進行衣服上的創新研發。當我們穿戴了這些設備之後，就可以在現實世界當中看到虛擬世界。透過這些設備和機器的顛覆，我們可以同時感受到虛擬世界和真實世界。

(2) **測量與監視工具**：行動網路的不確定性和支持行動網路的雲端服務能夠產生很難發現的性能瓶頸，而且行動裝置的多樣性使全面的應用測試幾乎成為不可能的事情。但是「應用性能監視」的行動測量和監視工具能夠提供應用行為的可見性、提供使用哪些設備或者作業系統的統計、監視使用者行為，以便確定成功地利用了哪一個應用程式的性能。

(3) **高級行動使用者體驗設計**：隨著技術的不斷發展，使用者體驗跟之前相比也上升了一個等級。高級行動使用者體驗設計是採用各種新技術和方法來實現的，如「安靜的」設計、動機設計和「好玩的」設計等。例如使用 Wi-Fi、圖像、超音波訊號和地磁等技術，進行室內定位。

8.2.3 無線通訊技術

通訊技術是行動網路中至關重要的一環，從 2G 到 3G 再到 4G 的發展歷程，都顯示了行動網路通訊技術的進步。

(1) **2G 通訊技術**：即第二代手機通訊技術，一般只具有通話和一些傳送功能的手機通訊技術。例如手機簡訊在它的某些規格中能夠被執行，但是無法直接傳送電子郵件、軟體等資訊。

(2) **3G 通訊技術**：即第三代行動通訊技術，是指支持高速資料傳輸的蜂巢行動通訊技術。3G 服務能夠同時傳送聲音和資料資訊，速率一般在 100KBps 以上。

專家提醒

3G 的高速發展源於它廣泛而又無處不在的應用，它的應用領域如下。

- 寬頻上網：具有在手機上收發語音郵件、聊天、寫部落格等功能。
- 視訊通話：能讓使用者與遠方的親人、朋友透過螢幕面對面地聊天。

- 無線搜索：提供隨時隨地的手機搜索服務。
- 手機辦公：辦公人員可隨時隨地與公司的資訊系統保持聯繫，具有辦公功能，大大提高了辦事效率。
- 手機音樂：在手機上安裝一款手機音樂軟體，就能透過手機網路，隨時隨地輕鬆收納無數首歌曲，下載速度也很快。
- 手機電視：手機流媒體軟體會成為 3G 時代使用最多的手機電視軟體。
- 手機購物：開通上網服務，就可即時查詢商品資訊，並線上支付購買產品。
- 手機網遊：方便攜帶，隨時可以玩。

(3) 4G 通訊技術：即第四代行動通訊技術，4G 是集 3G 與 WLAN 於一體，並能夠快速傳輸資料、高品質、音頻、影片和圖像等。4G 能夠以 100MBps 以上的速度下載，比目前的家用寬頻 ADSL（4Mbps）快 20 倍，並能夠滿足幾乎所有使用者對於無線服務的要求。此外，4G 可以在 DSL 和有線電視調變解調器沒有覆蓋的地方部署，然後再擴展到整個地區，如圖 8-4 所示。

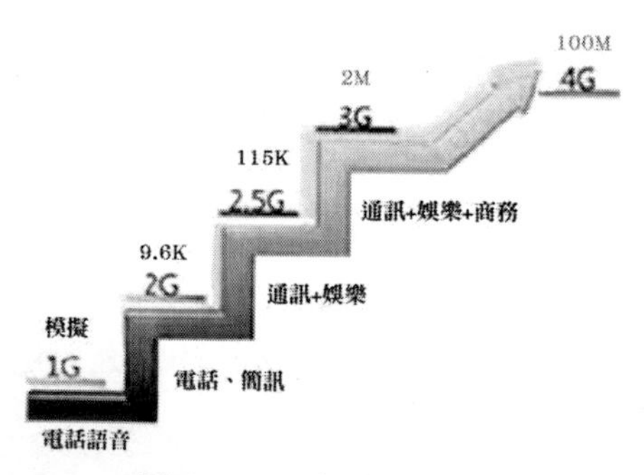

圖 8-4　4G 網路時代

4G 通常被用來描述相對於 3G 的下一代通訊網路。國際電信聯盟（ITU）定義的 4G 則為符合 100Mbps 傳輸資料的速度，達到這個標準的通訊技術，理論上都可以稱之為 4G。其具有費用便宜、通訊速度快、通訊靈活、高品質通訊、兼容性好、提供加值服務、網路頻譜寬等特點。

8.2.4 主要應用技術

隨著無線通訊技術的發展，行動裝置日益普及，行動網路應用技術也在不斷地提升和發展，主要有以下幾種應用技術。

(1) **HTML5**：HTML（Hyper Text Markup Language）即超文字標記語言，它透過標記符號來標記要顯示的網頁中的各個部分，網頁文件本身是一種文字文件，透過在文字文件中添加標記符，可以告訴瀏覽器如何顯示其中的內容。

瀏覽器按順序閱讀網頁文件，然後根據標記符解釋和顯示其標記的內容，對書寫出錯的標記將不指出其錯誤，且不停止其解釋執行過程，編制者只能透過顯示效果來分析出錯原因和出錯部位。

但對於不同的瀏覽器，對同一標記符可能會有不完全相同的解釋，因而可能會有不同的顯示效果。

HTML5 則是超文字標記語言（HTML）的第五個重大版本，對於行動軟體攜帶性意義重大。隨著 HTML5 及其開發工具的成熟，行動網站和混合應用的普及將擴大。儘管有許多挑戰，但是 HTML5 對於提供跨多個平臺的應用機構來說是一個重要的技術。

(2) **新的 Wi-Fi 標準**：隨著機構中出現更多的具有 Wi-Fi 功能的設備、蜂巢工作量轉移的流行以及定位應用需要密度更大的存取點配置，對於 Wi-Fi 基礎設施的需求將成長。新標準和新應用所需要的性能產生的機會要求許多機構修改或者更換自己的 Wi-Fi 基礎設施。

Wi-Fi 是行動網路中廣為應用的一門技術，新的 Wi-Fi 標準將提高 Wi-Fi 性能，使 Wi-Fi 成為行動網路更重要的應用技術部分，並且使 Wi-Fi 能夠提供新的服務。

(3) **LTE 和 LTE-A**：LTE（Long Term Evolution，長期演進）是由第三代合作夥伴計劃組織制定的通用行動通訊系統技術標準的長期演進，於 2004 年 12 月在第三代合作夥伴計劃多倫多「TSG RAN#26」會議上正式立項並啟動。

LTE 和接替它的技術 LTE-A 是提高頻譜效率的蜂巢技術，從理論上可將蜂巢網路的最大上載速度提高到每秒 1GB，同時減少延遲。

所有的行動使用者都將從改善的頻寬中受益，優越的性能和 LTE 廣播等新功能將使網路電信業者能夠提供新的服務。

(4) **Mobile Widget 技術**：在網路領域中，Widget 是一種採用 JavaScript、HTML、CSS 及 Ajax 等標準 Web 技術開發的小應用，具備體積小巧、介面華麗、開發快捷、使用者體驗佳、資源消耗少等優點。

根據 Widget 運行裝置的差異，Widget 可分為電腦 Widget 和行動 Widget。

Widget 是運行於 Widget 引擎之上的應用程式，它由 Web 技術來創建，用 HTML 來呈現內容，用 CSS 來客製化風格，用 JavaScript 來表現邏輯，Widget 應用汲取了基於 BS 和 CS 架構應用的各自優點。

它並不完全依賴網路，軟體框架可以存在本地，而內容資源從網路獲取，程式代碼和 UI 設計同樣可以在專門的伺服器上更新，保留了 BS 架構的靈活性。

基於 Web 技術的特徵，使得行動端 Widget 具有跨平臺運行、技術門檻低、使用者體驗佳的特點。

8.3 案例介紹：行動網路的典型應用

隨著科技的不斷發展，智慧型手機早已成為當代人生活中必不可少的一部分，基於手機的應用程式也越來越多。下面我們來介紹一下行動網路在各產業領域的應用案例。

8.3.1 智慧家居方面

行動網路與物聯網的結合發展，使得手機遠端控制家居成為可能，大多數的智慧家居系統已經用於別墅、公寓等住房。透過手機，使用者可以控制家中的一切家電。

現在具備網路功能的手機都已經開發了手機智慧家居系統軟體，只要透過下載相應的智慧家居軟體，不管是手機還是電腦都可以用來控制家居。例如，透過 Android 開發的 AutoHTN 可以控制家居照明、冷氣、天然氣泄漏檢測器、監控鏡頭、電視機、DVD 等。

以上幾個例子是 Android 手機在智慧家居系統中的一些實際應用案例，手機智慧家居系統軟體最終將成為智慧家居系統中的主流產品。

8.3.2　智慧交通方面

曾經有公司提出了一種基於行動網路的智慧交通資訊服務系統。該系統是在無線視訊監控系統的基礎上，把道路影片資源與大眾交通出行需求相結合，為手機使用者提供準確、即時、直觀的道路交通資訊服務。

使用者在行車或行走在路途中，透過手機便可以進行所在位置周邊交通資訊查詢、最佳路線查詢、所在位置周邊公車地鐵資訊和即時到站資訊查詢等。

手機使用者可以透過訪問軟體，查看整個都市的路況圖片，查詢都市主要路橋的即時路況、高速公路事件資訊、指定起始點間的最佳行車路線和預測行車時間等，充分滿足客戶的交通出行需求。該系統的功能如表 8-2 所示。

表 8-2　行動網路智慧交通資訊服務系統的功能

功能	說明
道路資訊查看	使用者可透過裝置預先或即時查看行駛路線的道路交通影片，隨時了解道路交通資訊。
交通服務資訊查詢	裝置會提供局部天氣、加油站、違規情況等交通服務資訊。
動態路況播報	透過使用者定位，可根據行動路線主動對前方路線壅塞情況進行提醒，提供文字、語音、影像等形式的壅塞資訊播報。
線路提醒定製	使用者可以定製路線路況提醒服務，系統將會根據使用者的設定情況，每天定時對選定路線的路況資訊進行主動播報。

停車場空位提醒	系統能夠獲取都市主要停車場的位置和動態空位資訊，根據使用者目的地和行駛路線，主動用語音提醒目標停車場空位資訊。
停車誘導系統	通常有兩級停車誘導，一級誘導是大區域的資訊服務和停車誘導，為交通出行者提供目的地區域的停車設施分布、距離遠近和當前停車設施的利用狀態資訊，以便出行者選擇交通方式和停車區域；二級誘導是對具體停車設施的路徑進行誘導以及提供當前停車設施的使用情況資訊，便於利用者選擇和順利到達停車場。
公車資訊服務系統	包括三類交通資訊服務：系統中公車行駛狀態資訊、公車營運資訊、相關道路系統和換乘系統的交通狀況資訊。公車資訊服務系統能夠在交通利用者需要資訊的時間地點提供所需內容的資訊，使公車利用者有足夠的決策判斷依據。
公車站牌服務系統	包括交通地理資訊查詢系統、電子站牌系統和候車基礎設施等。交通地理資訊查詢系統以交通 GIS 為基礎平臺，為出行者提供各種公共交通資訊和服務資訊，使乘客從等車到乘坐公車抵達目的地的整個過程均能獲得所需要的資訊。 電子站牌包括通訊接收模組和數據處理模組，透過無線或有線系統與監控調度中心連接，其基本功能是向乘客提供公車線路上公車的運行狀況。

智慧交通資訊服務系統是一種行動網路加值業務，由智慧型手機軟體、業務伺服器、都市交通地圖 GIS 伺服器、資料中心、電信業者行動定位中心等設備組成。隨著訊號檢測技術、網路技術、通訊技術、電腦技術的飛速發展，基於行動網路的智慧交通資訊服務系統，最終能向出行者提供即時的路況資訊和最佳出行方案，使出

行者更加方便快捷地到達目的地。

8.3.3　智慧旅遊方面

自助旅遊一切都要靠自己，有了一款旅遊類App，交通住宿、合理規劃出行路線、機票網購、酒店地址、門票緊張等問題都不再是難題，一款旅遊攻略類 App 輕鬆搞定。

一個人在路上，每部手機上的必備軟體肯定包括地圖 App。但除此之外，現在在社交、購物、遊戲等類別的 App 中也會添加地圖定位功能，有了這些軟體的幫助，再也不用擔心一個人旅遊會迷路了。

出門旅行，天氣資訊的查詢極為重要。每天出門之前，用軟體查一下當地的天氣預報，如果是大太陽，就做好防曬措施，如果是下雨天，就準備好雨具出行，既方便又實用。這類軟體除了天氣預報，還具備其他功能，例如有些軟體會在首頁中顯示溫度、紫外線、風向風力等內容，同時在生活一欄中可以知曉當日適合做的事情以及旅遊行程提醒等資訊。

8.3.4　智慧辦公方面

4G 時代的來臨，「行動辦公」應具備低成本、易維護、易推廣、高整合的特點。現有「行動辦公」的業務方式主要有以下兩種。

- 一種是行動代理伺服器方式，此方式雖說可以實現基礎的簡訊、來電答鈴和 WAP 互動，但是無法處理業務流等複雜功能，最重要的是，此方式維護困難，營運成本太高。
- 另一種是應用資料中心方式，此方式需要替換企業原有管理系統，推廣成本高，產品不能完全符合企業對管理軟體的需求。

行動辦公主要為企業客戶提供行動辦公的相關功能模組，用來支持企業原有辦公系統行動化或快速客製化新的業務功能。

企業 IT 管理員以及 IT 服務廠商均可透過產業應用行動化存取平臺客製化適合自身業務發展所需的辦公系統，隨著業務狀況及客戶需求的不斷變化，企業與服務商均可對應用進行相應的調整。

同時，企業的現有辦公應用也可透過系統中的產業應用 API 存取模組與行動服務主控模組連接，在不改變企業現有應用的情況下，為企業提供強大的行動加值能力。

產業應用行動化存取平臺中的簡訊互動模組、來電答鈴互動模組，透過與電信業者的簡訊路由器、來電答鈴路由器為使用者提供更為豐富的行動加值服務。這樣在由產業應用行動化存取平臺承載的應用中，使用者除了可以像往常一樣透過電腦訪問以外，還可以透過手機軟體、WAP、SMS 等多種方式訪問應用。

8.3.5 線上教育方面

傳統教育產業在擁有豐富的教學資源情況下也面臨著教育資源投入不足的問題，而智慧教育則很好地解決了這一問題。

智慧教育的表現形式就是線上教育。線上教育利用其平臺優勢，在緩解傳統教育存在的問題的過程中又對其現有的教學資源進行了有利的應用，這是行動物聯網產業的應用透過平臺運作映射到教育產業的具體表現。

8.3.6　手機支付方面

行動支付也稱為手機支付，就是允許使用者使用其行動裝置對所消費的商品或服務進行帳務支付的一種服務方式。如今，透過手機實現的行動支付方式，已成為最接近人們日常使用習慣和消費習慣的行動支付方式，行動支付帶來了「消費新時代」。

行動支付主要分為非接觸式支付和遠端支付兩種。所謂非接觸式支付，就是用手機刷卡的方式坐車、買東西等，很方便。

遠端支付是指透過發送支付指令（如網銀、電話銀行、手機支付等）或借助支付工具（如透過郵寄、匯款）進行的支付方式。

例如，一些電信業者具備小額支付應用平臺、金融產業管理、應用軟硬體開發經驗和 RFID 卡營運維護經驗的業務合作夥伴，面向集團客戶和個人客戶提供基於 SIMpass 技術的行動電子商務和重點產業行動資訊化服務，使手機從通訊工具變為生活必需品，具體功能如下。

(1) **基於手機的身分識別**：適用於基於 ID 系統的企業門禁、企業簽到、企業內小額消費等應用。

(2) **基於手機的行動支付**：可於公車、計程車、超市、糕點店、餐飲、電影院等各類消費場所使用。

(3) **基於手機的加值方式**：分為本地加值和遠端圈存。本地加值是透過非接觸功能實現加值電子錢包；遠端圈存則是透過綁定手機號碼、銀行帳號設立扣款帳戶。

8.3.7　智慧零售方面

位於北美內布拉斯加的一家新型家具店，面積超過 12700 坪方公尺，主營家具、電器、電子產品，不僅品種豐富，且整個門店全部採用了電子貨價標籤。

而法國巴黎的大型家樂福超市，則致力於使他們的顧客購物體驗做到最好，不斷尋求透過採用創新技術提升客戶的體驗，整個店舖也採用電子貨價標籤。

生活在都市中的人們，對時間和促銷很敏感，不想在店裡浪費不必要的時間。對他們來說，最好的、最愉快的購物體驗是高效和簡化。

家樂福「Villeneuve la Garenne」的大賣場清楚地意識到了這一點，於是著手改善，他們聯繫了 Pricer（全球最大的電子價籤公司）攜手開發了手機購物、圖形智慧標籤及電子貨架標籤的零售解決方案。

為使家樂福與他們的客戶能透過智慧型手機和電子價籤與客戶進行互動，Pricer 為家樂福創建了一個行動軟體程式「C-où」。該程式在 Android 和 iOS 系統中都可以用，並允許客戶創建「購物清單」並搜索產品，這意味著顧客能夠在來商店之前將選好的東西放進購物車。該 App 還能根據放置在購物車的食品自動生成食譜。這個方案還包括店內定位，一旦顧客進入店舖，此方案能幫助客戶找到任何產品，並且透過店內導航改良購物路線。

據瞭解，家樂福「Villeneuve la Garenne」大賣場安裝有 55000 多個帶有 NFC 功能的 ESL。這不僅能讓商品的價格自動統一，還可以讓使用 NFC 智慧型手機的貨架標籤無處不在。顧客甚至可以透過他們的手機為商品按「讚」，而商品獲得的「讚」也會在標籤上顯示出來。

ESL 標籤將商品的資料庫和手機應用軟體連接在一起，確保沒有價格差異並且商品在商店的位置更加準確，顧客在應用軟體上能能直接看到商品準確的價格，並且在貨架上準確地找到。

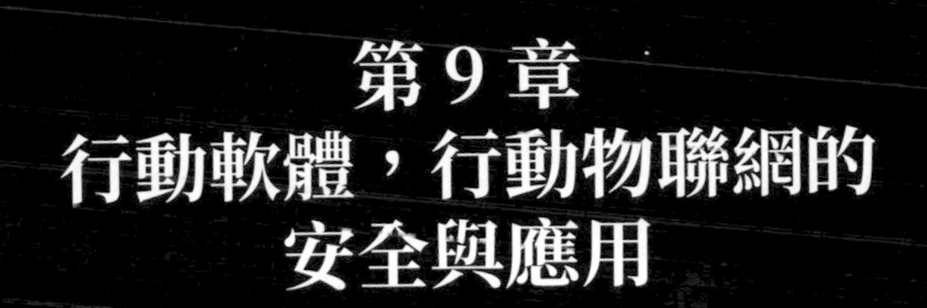

第 9 章
行動軟體，行動物聯網的安全與應用

學前提示

如今，行動物聯網無處不在，從各類行動軟體的開發商到硬體商再到電信業者，參與者的數量與規模巨大，無人不想分享行動物聯網這塊大蛋糕。行動物聯網的應用範圍非常廣泛，涉及人們生活的各個方面，其在未來還將取得巨大的進步。

要點展示

- 全面發展：行動物聯網的主要應用
- 發展趨勢：行動物聯網的應用創新
- 安全保障：行動物聯網的風險預知
- 案例介紹：行動產品的物聯網應用

9.1　全面發展：行動物聯網的主要應用

從行動網路應用的角度來看，全新的電信業務已經展現在人們面前，行動網路應用繽紛多彩，娛樂、商務、資訊服務等各式應用開始滲入人們的日常生活中。手機遊戲、視訊通話、行動搜索、行動支付等行動資料業務開始帶給使用者全新的體驗。

手機軟體是嫁接商家和客戶手機的最佳橋梁，它能夠讓消費者隨時隨地瞭解商家，商家也可隨時隨地推廣自己的服務與產品。行動物聯網與行動網路是相互交融的，首先，我們來介紹一下行動網路的具體應用吧。

9.1.1　手機遊戲

手機遊戲是行動網路比較成熟的應用之一，它具有隨身隨時隨地可以玩的特點。近年來，隨著智慧型手機的不斷發展，手機遊戲市場吸引了越來越多的使用者參與。隨著科技的不斷發展，手機遊戲開發商也在不斷引入新的技術來擴大手機市場，物聯網技術便是現代遊戲開發商的第一選擇。

與電腦相比，手機的處理能力和運行能力都相對較弱，這也加速了各遊戲開發商將手機遊戲與物聯網技術結合在一起的開發步伐。現在已經有將屬於物聯網技術之一的藍牙技術運用到手機遊戲中的事例。在此之前，藍牙技術一般都只用於手機與其他藍牙設備間傳輸資料，而透過不斷的研究，已經由開發商運用藍牙技術組建網路遊戲，可解決無線網路中傳輸不穩定且資費過高等帶來的問題。

9.1.2 支付轉帳

(1) **行動支付**：3G 技術帶來了行動電子商務的興起，使手機成為更便捷的交易裝置。

電子商務發展所需要的技術及物流業在這幾年都得到飛速發展，物流是電子商務得以進行的保障，沒有物流業的發展，網上交易就無法進行。

整個行動價值支付鏈包括行動電信業者 —— 支付服務商（銀行）—— 應用供應商（公車、公共事業等）—— 設備供應商（晶片供應商、裝置廠商等）—— 系統整合商 —— 商家和裝置使用者。

行動支付分為非現場的非即時支付和現場即時支付。非現場的非即時支付一般透過簡訊方式發起交易請求，支付速度具有明顯的時間延遲，快的時候幾秒鐘就夠了，但慢的時候可能需要幾分鐘，網路銀行、手機購物等均屬於此類非現場即時支付。

另一類則是現場即時支付，如在公共汽車交通領域需要現場的即時支付交易，透過手機，在相應的消費裝置（各類讀卡機）前刷一下，即可輕鬆快速地完成支付交易。

目前，此類應用以 IC 卡技術為基礎，IC 卡與手機結合在一起，具有交易安全、迅速的特點，是目前手機支付的發展趨勢。

行動支付是線上支付的一種擴展，而且更容易、更方便。不僅如此，安全性的增加也是其高速發展的一大原因。

(2) **行動轉帳**：這一業務與傳統轉帳業務相比，成本更低、速度更快、便利性更高。由於行動轉帳發展很快，在管制方面，很多市場的管制者都會面臨使用者成本、造假、安全、洗錢等方面的問題。在營運方面，市場條件的變化，要求電信業者採用不同的策略。

9.1.3　行動搜索

行動搜索的最終目的是促進手機的銷售和創造市場機會，它對技術創新和產業收入有很大的影響力，使用者會對一些行動搜索保持忠誠度，而不是僅選擇一家或兩家行動搜索業者。

艾瑞 iClick 社區調查資料顯示，使用者搜索的主流方式仍是瀏覽器搜索、導航網站搜索欄和搜索網站直接搜索。導航網站除了搜索欄外還有許多生活服務網站的入口，比如購物、樂透和電信加值等。

搜索引擎本身的品牌知名度和使用者的使用習慣，也會促使使用者透過搜索網站直接搜索，所以瀏覽器搜索、導航網站搜索欄和搜索網站成為最主要的三種搜索途徑。

9.1.4 行動廣告

行動廣告是透過行動裝置（手機、平板電腦等）訪問行動軟體或行動網頁時顯示的廣告，廣告形式包括文字、圖片、插播廣告、連接、HTML5、影片、重力感應廣告等。

行動廣告是在行動網路上實現內容套現的重要方式，可為裝置使用者提供免費的應用和業務。行動管道將被用於各種媒體，包括電視、廣播、印刷和室外廣告的競爭廣場。

行動廣告的功能特點如表 9-1 所示。

表 9-1 行動廣告的功能特點

功能	簡介
即時性	手機的隨身攜帶性比其他任何一個傳統媒體都強，所以手機媒介對使用者的影響力是全天候的，廣告資訊到達也是最即時最有效的。
互動性	廣告主能更及時的了解客戶的需求，使消費者的主動性增強，提高了自主地位。
精準性	根據使用者的實際情況將廣告直接送到使用者的手機上，真正實現「精緻傳播」。
整合性	得益於 3G 技術的發展速度，手機廣告可以透過文字、聲音、圖像、動畫等不同的形式展現出來。手機除了是一個通訊設備，還是一款功能豐富的娛樂工具，也是一種及時的金融裝置。
擴散性	即可再傳播性，使用者可以將認為有用的廣告轉發給親朋好友，向身邊的人擴散資訊或傳播廣告。

可測性	對於廣告主來講，手機廣告相對於其他媒體廣告的突出特點，還在於他的可測性或可追蹤性，使受眾數量可準確統計。

在全球經濟衰退的情況下，各地區的行動廣告業務持續成長，而智慧型手機和無線網路的使用增加，促進了行動廣告業務的發展。

9.1.5　行動定位

行動定位是指透過特定的定位技術來獲取行動手機或裝置使用者的位置資訊（經緯度座標），在電子地圖上標出被定位對象位置的技術或服務。

定位業務是透過電信行動電信業者的無線電通訊網路或外部定位方式獲取行動裝置使用者的位置資訊，在地理資訊系統平臺的支持下，為使用者提供相應服務的一種加值業務。

行動定位技術的應用已經越來越廣泛，專門的行動定位系統可以用來對物品、人員等進行定位，以滿足物流業、運輸業、旅遊業、國土資源調查等產業的定位需求。

9.1.6　健康監控

行動健康監控使用 IT 和行動通訊實現遠端對病人的監控，幫助政府、關愛機構等降低慢性病病人的治療成本，改善病人的生活品質。

行動健康監控平臺由可行動生理特徵擷取裝置、後臺專家系統和顯示裝置構成。它透過使用生理特徵擷取裝置擷取健康資訊，利用無線通訊技術即時傳輸這些擷取的資訊，並由行動健康監控平臺依託後臺專家系統對這些資訊進行分析處理，最終將分析結果回饋給使用者，以提示使用者在日常生活中該注意哪些事項，若有必要，還須去醫院就診並接受治療。

行動健康監控可以使身體狀況得到即時的監控，對疾病做到早發現，早診斷，早治療。

和傳統醫療方式相比，行動健康監控具有更好的即時性，且更加方便快捷，是一體化、網路化和智慧化發展的必然趨勢。

現在，行動健康監控市場還處於初級階段，專案建設方面到目前為止也僅是有限的試驗專案。未來，這個產業將可實現商用，提供行動健康監控產品、業務和相關解決方案。

9.1.7 行動會議

隨著現代資訊處理技術的飛速發展，各企業等對辦公現代化的要求也越來越高，傳統的會議室已從一個單純的以聽、聞為主的交流場所，逐漸演變成為一個具有多種功能的綜合性資訊資源交流場所。

行動會議是基於行動網路的會議系統，它使得會議從傳統的紙質記錄載體，轉化成以平板電腦和智慧型手機為載體的數位化、行動化的多媒體，利用智慧型手機的攜帶性，把會議從固定的會議室延伸到場外的行動裝置。

9.2 發展趨勢：行動物聯網的應用創新

可以說，行動物聯網的發展更多的還是體現在具體的應用中。而在各產業應用領域中，只有具有創新性的理念和產品才能獲得更快的發展。因而，在行動物聯網的發展過程中，「創新」發揮至關重要的作用，特別是先進的智慧化技術的創新發展和各種理念的創新應用，這些將成為行動物聯網發展的關鍵點。

下面將從具體的社會創新發展應用中，詳細地論述其對行動物聯網的發展意義。

9.2.1　實體產業的轉型變化

隨著網路技術的進一步發展，一些實體企業在不變更其業務核心模式的情形下，為了更好地實現企業發展，開始向網路和行動網路滲透。例如一些航空公司在大眾平臺推出了各類服務，主要有幾項功能：

- 機票預訂
- 登機證辦理
- 航班動態查詢
- 里程查詢兌換
- 出門指南
- 都市天氣查詢
- 機票驗證
- 手機智慧選座

航空公司在為使用者提供更好服務體驗的同時，也推進了其融入行動物聯網領域的進程。可見，實體產業的網路滲透是企業營運的創新表現，也是其推進行動物聯網發展的重要舉措。

9.2.2　O2O 模式的引流關鍵

線上與實體店的雙向引流，作為一種新興的行銷模式，充分體現了其企業營運的創新性特徵。而這一模式對於行動物聯網發展的影響，就表現在其線上與實店體互動過程中網路和行動網路設備的存取與使用頻率上，這分別使得行動物聯網的存取範圍和活躍程度增加。

以一般購物網站為例，在網站營運過程中，透過設立實體旗艦店實現線上與實體店的雙向引流。從 O2O 行銷模式來說，一方面，為解決消費者的信任問題提供了有力支撐，這有利於線上與實體行銷發展；另一方面，使用者能夠利用 App 掃瞄 QR code，實現線上與實體店的互動。可以說，購物網站的 O2O 行銷模式是以「行動網路平臺 + 大數據 +QR code 掃瞄」構建成的行銷模式。

同時，O2O 行銷也是行動物聯網領域的行銷應用的生動展現，具體內容如下。

- 透過行動網路平臺實現全部通路的線上與實體店服務。
- 利用其企業自身的大數據技術的分析和探勘能力。
- 實體旗艦店內品牌 App 的 QR code 掃瞄引流行銷。

9.2.3　使用者的數位化生活趨勢

在資訊社會，人類透過製造各式各樣的數位化工具來承擔人的生活功能需求，特別是智慧硬體的出現與創新發展。例如，Google Project Glass 是一款 AR 數位化眼鏡，使用者可以使用它聲控拍照、視訊通話以及上網等，這無疑使人們的生活更加豐富多彩。

9.3　安全保障：行動物聯網的風險預知

行動物聯網資訊安全與行動網路十分相似，主要內容涵蓋以下 5 個方面。

- 機密性：行動物聯網系統資料資訊，只有授權方才能查看資料與分析、處理環節。
- 完整性：行動物聯網系統運行時，要求務必與感測器設備連接，資料傳輸時若意外中斷，將破壞資料完整性。
- 可控性：授權是對合法使用者賦予系統資源的使用權限，也就是說，授權就是指權限控制。
- 可用性：可靠與安全是行動物聯網系統資訊兩大主要特徵，只有這樣系統與資料才能安全使用。
- 不可否認性：行動物聯網資訊的不可否認性，是指確保指定時間內事件的可查詢性，並且不受權限控制影響。

只有保證以上這些關鍵之處的安全，才能使行動物聯網更健康持續地發展。本節將介紹一些需要重點注意的安全問題，如感知、網路、應用等不同層次的安全。

9.3.1　不容忽視的感知安全

行動物聯網感知層作為整個系統中最為基礎的一部分，主要負責外部資訊收集，是行動物聯網系統獲取資訊與資料的主要場所。行動物聯網感知層結構主要包括 RFID 感應器、RFID 標籤、感測器路由器、感測器節點、智慧裝置、存取路由器。

通常，感知層資料擷取都是使用無線網路連接與傳輸，很容易被不法分子竊取隱私資料，並對其進行非法操控。

一般來說，行動物聯網感知層安全威脅分為物理攻擊、感測節點威脅、感測設備威脅以及資料篡改、偽造等。結合行動物聯網感知層技術、設備分析，感知層安全需求包括以下 5 個方面。

- 機密性：大多數感測網都不屬於認證和金鑰管理。例如，統一部署的共享一個金鑰的感測網。
- 金鑰協商：少部分感測網內部節點在進行資料庫資訊傳輸前需要預先知會金鑰。
- 安全路由：基本上，所有的感測網路系統內部都需要多種類型的安全路由協助系統運行。
- 節點認證：某些感測網在進行資料傳輸時需要對其節點進行安全認證，降低非法節點介入機率。
- 信譽：個別較為特殊的感測網需要對可能被攻擊者控制的節點進行評估認證，以此降低安全威脅。

由於無線感測網路是行動物聯網感知層代表性技術之一，因此無線網路資訊安全同樣值得關注，如圖 9-1 所示。

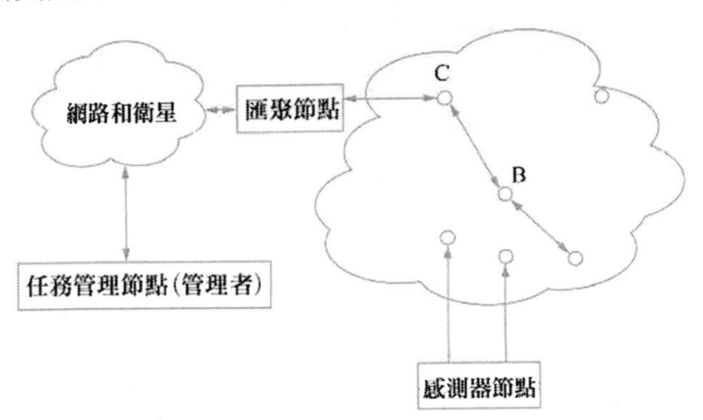

圖 9-1　無線感測網路

9.3.2　時刻關注的網路安全

行動物聯網網路層主要分為存取核心網路和業務網路兩部分，主要職能是將感知層收集到的資料資訊安全可靠地傳輸到行動物聯網系統應用層中。在資訊傳輸過程中，由於資料較多，也常常會有跨網路的資訊傳輸，在這一過程中資訊安全隱患離我們越來越近。如下所示，為網路層資訊安全威脅。

- 阻斷服務攻擊：行動物聯網裝置資料量極大，但相反的對安全威脅防禦能力卻十分薄弱，攻擊者常利用這一弱勢向網路發起阻斷服務攻擊。
- 假冒基地臺攻擊：通常，在行動網路中裝置存取網路時需要單向認證，攻擊者會透過假冒基地臺的方式竊取系統中的使用者資訊。
- 金鑰安全：在行動物聯網業務平臺中，攻擊者可透過竊聽盜取金鑰，會話過程中的防禦性極低。
- 隱私安全：攻擊者在突破行動物聯網業務平臺後，可輕鬆獲取受保護的使用者敏感資訊和資料。

行動物聯網網路層結構涵蓋多個網路，例如行動網、行動網路、網路基礎設施和一些專業網，同時還包括大量的使用者隱私資訊，因此務必最大程度保障其內部各組織安全。圖 9-2 所示為網路層資訊安全架構。

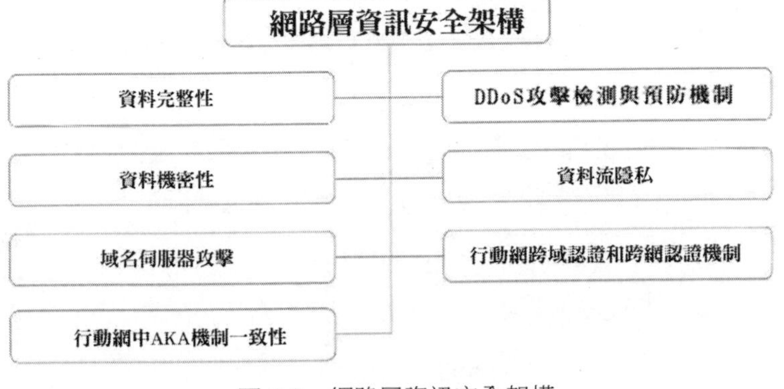

圖 9-2 網路層資訊安全架構

專家提醒

DDoS 是一種分散式阻斷服務攻擊，其原理是借助使用者伺服器實現多個電腦之間的聯合，構建一個完整的攻擊平臺，實現對一個或多個目標發動 DDoS 攻擊，以此強化阻斷攻擊能力。圖 9-3 所示為 DDoS 攻擊方式與技術原理。

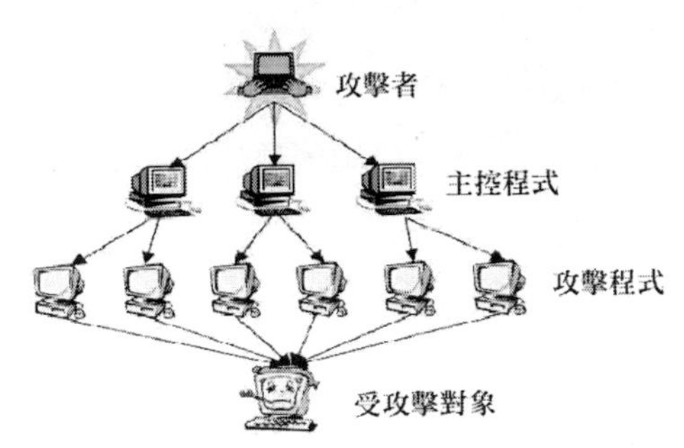

圖 9-3 DDoS 攻擊方式與技術原理

9.3.3 保持警覺的應用安全

一般來說，行動物聯網應用層主要安全威脅為虛假裝置觸發威脅，不法分子可以透過 SMS 對系統裝置發出虛假資訊，以此觸發錯誤的裝置操作。行動物聯網應用層面臨的安全難題主要包括以下幾個方面。

- 如何按照訪問權限對同一資料庫中的資料資訊進行篩選。
- 如何保護行動裝置與軟體的智慧財產權。
- 如何完成電腦取證。
- 如何實現對泄露資訊的追蹤。
- 如何提高對使用者隱私資訊的保護。

基於行動物聯網應用層難題，可以對其進行以下安全機制維護，盡可能保障使用者隱私安全。

- 多種場景的隱私資料保護。
- 有效的電腦取證技術。
- 可靠的電腦資料銷毀技術。
- 有效的資料庫訪問控制。
- 安全的電子產品與軟體財產權。
- 資料泄密追蹤技術。

行動物聯網基礎資訊安全保障，是行動物聯網系統運行的前提和基礎，只有實現安全、可靠的基礎資訊系統，才能更好地服務於系統整體。與此同時，也為系統內部其他組織運行提供安全保障。

9.4　案例介紹：行動產品的物聯網應用

隨著網路在行動裝置中的延伸，行動端的軟硬體產品也必然成為物聯網的組成部分之一。隨著行動裝置的發展，其介面也越來越豐富，有線的有 USB，無線的有 Wi-Fi、紅外線、RFID、ZigBee 等，有了這麼多的存取技術，行動產品在物聯網中將會扮演著重要的角色。

9.4.1 醫院資訊系統的應運而生

如何提升醫院水準和醫護人員的工作效率，一直是大多數醫院管理者面臨的難題。

例如，護理師在查房的時候，仍然需要以手工方式來記錄和錄入病人的血壓等常規體徵；醫生的醫囑工作，也需要護理師多次核對紙質內容和電子內容，這些工作無形中增加了醫護人員的工作量，降低了工作效率。

隨著技術的發展，醫院資訊系統（Hospital Information System，HIS）應運而生，它是現有的醫院資訊系統在病床旁工作的一個手持裝置執行系統。它以 HIS 為支撐平臺、以手持設備為硬體平臺、以無線區域網路為網路平臺，充分利用 HIS 的資料資源，實現 HIS 向病房的擴展和延伸，同時也實現了「無紙化、無線網路化辦公」。

醫院資訊系統集行動嵌入式、無線區域網路、標準化電子病歷等技術於一體，能夠快速調閱病人電子病歷，查詢和錄入體溫單、護理紀錄、長期或臨時醫囑，提供負責人電子簽章、表格影印等功能。且該系統的使用在簡化工作流程的同時也降低了出錯的機率，並保持醫生和護理師之間資訊的一致性和同步性，其功能如下。

- 確認患者身分，查詢與統計患者資訊
- 出入量的錄入、累加和查詢

- 生命體徵的即時擷取
- 醫囑查詢、執行與統計
- 護理品質與查房行動記錄
- 患者護理過程記錄及護理工作量的統計
- 耗材的錄入及費用顯示
- 字典庫與護理工具庫

醫院資訊系統大大改善了醫院的工作流程，提高了醫院的工作效率。透過標識建立系統為降低護理差錯打下了良好的基礎，且解決了長期醫囑和護理計畫執行後的簽字問題，不僅加強了護理品質控制，也規範了護理行為，強化了護理人員的法制觀念，加強了醫護配合，提高了患者的滿意度。

9.4.2　「智慧無線」的全面應用

2014 年，全球知名的臺灣網路設備供應商 D-Link，聯手行動網路領域方案供應商阿迪通，共同推出一款「智慧無線」系統。透過這一系統，商家可以輕鬆實現無線網路全覆蓋，並且可根據自身需求，引申出諸如廣告推播等諸多功能。

(1)「**智慧無線」在飯店業**：隨著行動裝置的不斷普及，出差或旅行時拋棄笨重的筆記型電腦，轉而使用輕便的手機來獲取資訊或者處理公務。透過「智慧無線」系統，可以拉近飯店與客人之間的距離，當客人第一次入住飯店的時候，只需透過簡單的登入步驟，即可存取飯店網路，節省了時間，提升了上網體驗。

(2)「**智慧無線」在超市業**：商店超市是我們日常生活的基本組成單位，日均客流量非常龐大，而這也就意味著商場在部署

Wi-Fi 網路時，要面臨著更多的成本投入。

「智慧無線」能夠顛覆商場原有的實體會員卡模式，透過行動裝置，商場可以輕鬆完成購物積分和最新活動推播服務。而基於 LBS 技術的定位服務則更具價值，它可以自動蒐集客人在商場內的消費行為、活動軌跡、逗留時間等，進而形成精準的大數據資源，這些資源可以為商場的下一步行銷計畫提供寶貴的資料支持。

(3)**「智慧無線」在餐飲業**：透過「智慧無線」，連只有幾張餐桌的路邊攤，也可擁有一套專屬於自己的廣告發布和客戶管理系統。部署了智慧無線系統的餐廳，無論大小，都可以在餐廳周邊區域內搭建一個「電子圍欄」。透過 LBS 系統，一旦客戶經過這一區域，手機等行動裝置上，就會自動接收到一條連網邀請資訊，客人透過瀏覽便可決定要不要入店消費。

「智慧無線」打造的個性化網路登入平臺，也是餐廳不可或缺的行銷利器。客人存取店中的無線網路，無須詢問密碼，只需輸入手機號碼等資訊，即可自動連網。商家可以自行編輯登入平臺，將自己的招牌菜色、優惠活動融入其中，使用者在登入的過程中，商家的廣告資訊也得到了精準的曝光。

不僅如此，「智慧無線」獨有的 CRM 管理功能，還有助於餐廳吸引「回頭客」的光顧。客人存取網路時留存的資訊，將自動錄入 CRM 管理系統。餐廳可以根據這些資訊，整理出客人的到店時間、消費習慣等，以便及時調整菜品品質及價格，同時還可以向使用者推播活動優惠資訊，實現精準行銷。

這種剛剛起步的全新行銷模式，未來還將在 KTV、風景區、機場、公車、營業廳等場所大展拳腳。

9.4.3 UNIQLO App 的社交分享

行動網路是一個非常廣闊的領域，每個企業和自己的產業、領域結合起來，都能在上面做出一番事業。

UNIQLO 透過行動網路建立了自己的 App，為顧客提供了全新的資訊。

（1）**UNIQLO Calendar（UNIQLO 日曆）**：這是 UNIQLO 提供的以日本的四季影片、音樂、天氣等資訊構成的新樣式的免費網頁版日曆。iPhone 版則是一個小型影片和音樂組成，並可管理日程表的日曆軟體。

UNIQLO Calendar 可結合 Google 日曆和 iCal 的日程表，透過 GPS 功能顯示日期、時間、天氣等資訊，其特點如下。

- 只需在設定中選好都市，就可以顯示當地天氣概況。
- 支持橫向顯示。
- 可以下載更多景點影片。
- 提高品牌曝光率。
- 介面分為上下兩部分，螢幕的上半部分用來播放日本景點影片，而下半部分則可以左右拖曳來顯示日期、月曆及時間。
- 支持 Google 日曆顯示，只需輸入 Google Account，就可以看到日曆上的內容，不過不支持事件檢索。

該 App 沒有很特殊的功能，但是形式上很吸引人，很容易和 UNIQLO 的整個品牌形象聯繫起來。

（2）**UNIQLOOKS**：UNIQLOOKS 是 UNIQLO 推出的社交圖片分享 App，號召使用者分享自己的 UNIQLOOKS Style，支持

Facebook 帳戶體系，並支持 7 種語言，使用者間可以透過分享彼此的照片交流，進行服裝搭配。

使用者分享的每一張圖片都會帶有社交分享按鈕，當一張圖片被使用者按讚數越多時，那麼圖片就越系統會出現在 UNIQLO 官方頁面的上面。

該社交應用，主要就是用來讓人們分享他們的 UNIQLO 風格。透過讓使用者幫助進行品牌傳播，這比企業自賣自誇要好很多。

9.4.4 便捷隨心的行動辦公雲端平臺

行動 OA（Office Automation）即辦公自動化，是利用無線網路實現辦公自動化的技術。

行動 OA 將原有 OA 系統上的日程、通訊錄、公文、文件管理、通知和公告等功能遷移到手機中，讓使用者可以隨時隨地進行掌上辦公，能高效而出色地支持突發性事件和緊急性事件解決，擺脫時間和空間對辦公人員的束縛，提高工作效率、加強遠端合作。該平臺採用 SAAS 模式的軟體架構，實現系統雲端部署，多家企業共用一個平臺的思想。

企業不需要購買任何硬體設備，即可實現辦公自動化，實現了流程規範化、辦公無紙化，並且方便管理，提高了辦公的效率和品質，建立了政府快速、高效辦事的綠色通道。

該平臺包括基於電腦端瀏覽器的版本和基於手機的版本。透過行動的通訊網路，企業員工可透過手機軟體、電腦瀏覽器等方式隨時隨地使用通訊錄、公文流轉、日程管理、即時溝通、企業資訊等功能。

辦公室自動化的實現使企業工作效率明顯提高，使員工工作更加簡化，使資訊獲取更加容易，使決策制定更加準確，使管理變得更加靈活、科學，從而最終提高綜合競爭能力。

專家提醒

政府企業客戶服務行動辦公雲端平臺具有以下優點。

- 促進內部人員的有效業務交流和溝通。
- 實現管理者對工作人員工作情況的考察。
- 保證政府部門人員對業務的有效管理。

9.4.5　蘋果公司的 Carplay 智慧系統

Carplay 是蘋果公司發布的智慧交通車載系統，可促進行動物聯網技術與智慧交通系統之間的連接，將 iOS 設備與儀錶盤系統結合，為使用者提供智慧交通服務。

Carplay 與蘋果其他設備相比，更加注重於智慧語音技術研發，與藍牙耳機一樣，Carplay 智慧語音技術最大程度保障了駕駛者安全，是智慧交通的重要體現。

電子書購買

國家圖書館出版品預行編目資料

物聯網時代 從 E 化社會到 U 化社會：無人車 X 行動辦公 X 線上教育 X 智慧家居 X 智慧醫療 X 行動支付 / 黃建波編著 . -- 第一版 . -- 臺北市：清文華泉事業有限公司 , 2021.09
面； 公分
ISBN 978-986-5486-72-3(平裝)
1. 物聯網 2. 人工智慧
448.7 110013734

物聯網時代 從 E 化社會到 U 化社會：無人車╳行動辦公╳線上教育╳智慧家居╳智慧醫療╳行動支付

編　　著：黃建波
發 行 人：黃振庭
出 版 者：清文華泉事業有限公司
發 行 者：清文華泉事業有限公司
E-mail：sonbookservice@gmail.com
粉 絲 頁：https://www.facebook.com/sonbookss/
網　　址：https://sonbook.net/
地　　址：台北市中正區重慶南路一段六十一號八樓 815 室
Rm. 815, 8F., No.61, Sec. 1, Chongqing S. Rd., Zhongzheng Dist., Taipei City 100, Taiwan (R.O.C)
電　　話：(02)2370-3310　　傳　　真：(02) 2388-1990
印　　刷：京峯彩色印刷有限公司（京峰數位）

定　　價：360 元
發行日期：2020 年 9 月第一版

臉書

蝦皮賣場